U0184132

无畏山高水长
许你一世容光

岳晓琳 / 著

江苏凤凰文艺出版社
JIANGSU PHOENIX LITERATURE AND
ART PUBLISHING, LTD

图书在版编目（CIP）数据

无畏山高水长，许你一世容光 / 岳晓琳著. — 南京：
江苏凤凰文艺出版社，2020.1
ISBN 978-7-5399-9515-1

Ⅰ.①无… Ⅱ.①岳… Ⅲ.①女性－化妆－造型设计
Ⅳ.①TS974.1

中国版本图书馆CIP数据核字（2019）第166660号

书　　　名	无畏山高水长，许你一世容光
著　　　者	岳晓琳
责 任 编 辑	孙金荣
特 约 编 辑	申丹丹
出 版 统 筹	孙小野
封 面 设 计	王超男
版 面 设 计	申　佳
出 版 发 行	江苏凤凰文艺出版社
出版社地址	南京市中央路165号，邮编：210009
出版社网址	http://www.jswenyi.com
印　　　刷	山东岩琦印刷科技有限公司
开　　　本	700毫米×1000毫米　1/16
印　　　张	15.5
字　　　数	184千字
版　　　次	2020年1月第1版　　2020年1月第1次印刷
标 准 书 号	ISBN 978-7-5399-9515-1
定　　　价	65.00元

（江苏凤凰文艺版图书凡印刷、装订错误可随时向承印厂调换）

自 | 序

十七岁的"丑"名单

我的 17 岁，是在一个高大英俊男生的吸引之下徘徊度过的。

太强烈的"自知之明"和太少的勇气，总是会让我理智地放弃每一个与他接触的机会。

是的，这是暗恋。

曾记得在当时的日记里，我写下自己诸多缺点，这些缺点都成了自己不敢主动接触他的原因。那个"丑"名单，是我对着镜子，看一眼写一句，认认真真总结的：脸上有几个小雀斑；腰有点儿粗；眼睛一笑就没了……最后还加了一句很"理智"的总结：我怎么这么难看呢？

现在我妈还保存着我当年记录着自己缺点的日记本，每次看到它，我都会忍俊不禁。

那就是每个女孩最初决心扮美的动机吧，如此单纯、青涩。

我指责自己的种种不美，却独独忘了岁月赋予青春的一脸胶原蛋白——青春多美好，而我却没有看到。

每个少女心中都有一本记录美丽历程的"日记"，直到我们都长大了，那些日记也变成了尘封的记忆。而我们接下来开始踏上寻找自我的旅途。在这条路上，我们会遭遇许许多多的诱惑，还有失败。我们被所谓时髦的事物迷惑，我们被某种潮流怂恿，被其他的时尚偶像"教唆"，直到发现离真正的自己越来越远，离属于自己的美越来越远。

有些事实是无法改变的，我们无法改变自己所出身的家庭，还有父母给予的容貌、性格、声音，等等。

其实，我们总是期望着成为别人，这样就更加看不到自己的美。每个人在这世界上都是独一无二的，你所有的优点和缺点造就了你如此与众不同。最远的旅行是从自己的身体到自己的内心，这个过程需要我们用几个十年的光阴来学习，学会与自己相处，学会珍惜生活的种种馈赠。

我认为，学会欣赏自己，应该是学习扮美的第一课。有多少个形容词可以用来形容自己呢？你想过这个问题吗？

我有一个女性朋友，总是问我："我给你这样的感觉吗？"或问："我给你什么样的感觉呢？"她很想知道别人如何看自己，而没有试图去描述自己。

想变得更美，要先学会描述自己。这点很重要。比如，形容一个人的外形，可以是高大的、娇小的，健壮的、瘦弱的，圆润的、骨感的；描述一个人的性情可以是活泼开朗的、温和的、谦虚的、强势的、严肃的、浪漫的、多愁善感的；描述一个人的职业可以是严谨的、有趣的、充满创意的、单调的、多变的；描述一个人的声音可以是磁性的、稚嫩的、低沉的、轻柔的、嘹亮的、喘急的、慢吞吞的。

你还可以形容自己的笑容，形容自己的头发、待人接物的方式……如果你看到这里已经开始动笔在纸上写下可以描述自己的形容词，你会发现，原来自己有很多面，有很多形容词是互相冲突和矛盾的；有很多形容词是那么的美妙，或者还有一些是令你沮丧的。

无论如何，做这一步的目的就是审视自己。你并不会因此就立刻了解自己，但可以因此而发现一些有趣的事，比如你有些优点竟然是自己平时没有看到的，有些审美趋向是你平时没有发现的。

可能你形容自己微胖的身材时，用了"丰盈"这个词而不是"臃肿"，就会忽然发现，原来微胖不是件坏事，至少代表了对自己身材的认可，体现了你的自信；或许你形容自己的声音是"孩子气的"，就会让别人理解自己为什么总是会喜欢那些花花绿绿的玩偶，即使你已经35岁了；你如果形容自己喜欢的衣料质感用了"淳朴自然"，那么就表示一定不会喜欢带亮片的服饰和刺眼的颜色搭配；你形容自己的职业是"刻板无趣的"，那么你可能常常素颜就上班去了，因为你没有化妆扮美的动力。

还有很多很多……

扮美的重要一步，其实是接受自己。再完美的妆容，再时尚的衣着，都不及你由内而外的自信，更能让你容光焕发。

学会观照自己的内心，倾听内心的声音，遵从内心的召唤，你才可能做自己，而且不留遗憾。这是一个最坏的时代，也是一个最好的时代。用智慧的选择和规划，挥洒青春，而不是荒废度日。

从为暗恋的男孩写下那份"丑"名单，到醒悟并发现自己的独特之美，走过这段历程，我用了很长的时间。

后来，我追求美丽，但不再以周围人的审美观念为标准，不再为了让男孩子多看一眼而打扮。在这种心态下，我才真正找到美的真谛。特别是在年龄大了，人更加成熟了之后，在事业上找到了自信的自己，就更不会因为外在的一些美的标准去挑剔自己了。

我笑起来的时候，眼睛会眯上去，我觉得很可爱啊；现在自己的眼睛周围有细纹了，也挺好的，随着时光的流逝，我会刻意保留一两条皱纹，让它们变成我的一种独特标志……

其实，无论什么样的自己，都要先接受自己。美没有分类，没有排序，因为，人是最复杂最多面的，没有一种美的概念和标准可以涵盖所有人。

我知道很多书会把女性分很多类，然后告诉你：你是什么类型，应该怎样，不能怎样。我想说的是，无论你是一个什么样的人，都有爱美的权利。而你自己美不美，不在于别人如何看你，而在于你如何看待自己。

在你想改变的时候，就立马开始吧，时光不会等你，当然，你更不可以放弃自己。

只要你愿意改变，往前走一步，一切可能都会变得不一样。谁都不知道明天会怎样，但是今天一定要有梦有爱。

现在，你要对自己说：

"我是谁？我是欣赏自己、爱自己的女孩（女人），我要做的就是：终生美丽。"

目录

CHAPTER
03

心机诱惑：
裸妆

CHAPTER
04

场合机变：
美得刚刚好

CHAPTER
08

日韩欧美：
妆系的选择

CHAPTER
09

时尚潮流的
是非题

CHAPTER
10

岁月心妆

对于护肤，

很多朋友因为认知不到位，

走了不少的弯路，陷入护肤"雷区"。

在护肤的漫长过程中，

必须击败几个时时出现的敌人，

才能真正把皮肤养得水嫩动人。

击败皮肤的
另类敌人

CHAPTER

01

若让我回到 17 岁，我会狠狠丢掉那张写给自己的"丑"名单，虔诚地对青春说：回来吧，那水嫩动人的好皮肤。

是的，女人美丽的第一步，是护肤。

曾经我也有很长一段时间，不在乎自己的皮肤状态。那个时候年轻，总觉得花费太多时间去护理皮肤是没有必要的。

过了 30 岁，脸上出现皱纹时，才猛然惊醒：是时候要好好护肤了。与此同时，我经常被别人问到关于皮肤保养的问题。每次我帮别人解决问题后，回家看到镜子里的自己，就觉得很惭愧，于是开始特别重视起护肤来。

每当有人说我看上去完全不像我的实际年龄时，我都特别庆幸自己觉悟得还不算太晚。因此，我也特别想对爱美的朋友们说，在追寻美的艰辛历程中，只要你付出了就一定有回报。

面膜

睡眠面膜

不跟风，做自己

很多爱美的女性一直在为种类繁多的护肤品而担负"甜蜜的烦恼"——家里柜子中摆放的化妆品十分壮观，很多产品可能刚刚用了几次就抛弃了，甚至还有从来没用过的产品。

之所以这样，是因为大多数人都不知道自己究竟该买什么产品，常常是翻翻网页的推荐，看看周围的人在用什么，就错误地下决定。

别人说好用的不确定是否适合自己，就先把自己当成小白鼠，所有的产品都试试？

当然，多年前，我也和大多数女孩一样，在不了解自己皮肤的情况下盲目地买回很多护肤品，结果不仅造成不必要的浪费，还对皮肤造成了伤害。

有一位朋友看到我使用的护肤品，感到非常惊讶，不能相信一个这么知名的化妆师怎么只有这么少的护肤品。

其实，中国有句话叫作"大道至简"，这句话的适用范围非常广，若把它用到美妆方面，就可以解释成：

<u>越是专业，越是懂得如何在简单的过程中，做到事半功倍。</u>

要选合适的护肤品，首先让我们看看自己的皮肤属于什么基质的吧。
来，一起做做下面的肤质小测验！

肤质小测验

1 洗完脸后 20 分钟, 假如脸上没有涂抹任何产品, 你会觉得: (　　)

    A. 非常粗糙, 出现皮屑。

    B. 仍有紧绷感。

    C. 能够回复正常的润泽度。

    D. 脸像镜面, 简直要反光。

2 中午的时候, 你的脸常常会感到: (　　)

    A. 紧绷, 轻度发干或脱皮。

    B. 既不干, 也不油, 没有什么太大感觉。

    C. T 区有点儿油腻。

    D. 不洗脸就活不下去了。

3 上妆后 2 ~ 3 个小时, 你的妆容看起来: (　　)

    A. 出现干纹和皮屑。

    B. 妆容仍然完好。

    C. 部分脱妆。

    D. 差不多已经完全脱妆了, 需要马上补妆。

4 站在镜子前, 你的毛孔: (　　)

    A. 脸很光滑, 根本没有毛孔啊。

    B. 挺小的, 不注意根本看不见。

    C. 鼻头上有一些黑点。

    D. 很明显, 照镜子时就崩溃。

无畏山高水长, 许你一世荣光

5 青春痘：（　　）

A. 很少生或根本没有生过。

B. 只有在生理期或者身体不适的时候才会生这东西。

C. 额头上会生，别的地方很少生。

D. 满脸都会生啊，还留了很多痘疤做纪念呢。

答案

A=1分　B=2分　C=3分　D=4分

10—15分
中性皮肤

恭喜你啊，你属于人人都会羡慕的中性皮肤，不油不干，水水润润。不过你可不要仰仗自己天生皮肤好就不注意保养，"胡作非为"。不然的话，你天生的"好资本"很快就会被你用完，到时候可是后悔都来不及。

●中性皮肤的人护肤产品选择余地比较大，差不多任何质地的产品你都可以试一试，以自己搽上觉得舒服为最好。可以在不同季节选择适合的产品。比如冬季可以选择滋养型和补水型的，而夏季可以选择清爽型和美白型的。

●适度去角质，但也要慎用磨砂类产品，以防肌肤变敏感。

●不要过度使用保养品，以免堵塞毛孔。

15—20分
油性或偏油性皮肤

洁面不到半天，整个脸就又油光锃亮了。搽护肤品怕油腻不舒服，搽彩妆品怕脱妆，反而更加尴尬。但其实，充足的油脂可以让肌肤不容易老化，这是油性皮肤者天生的优势。只要适度地控油和补水，油性皮肤的人也不一定会很难受的。

- 用自己感觉清爽透气的乳液或啫喱状护肤品，但一定不要因为感觉不舒服而不用护肤品。
- 可适度使用带有酒精的化妆水，尤其是在闷热的夏天。
- 脸部多油有可能正是皮肤缺水的表现，所以油性皮肤的人也要多多注意保湿。
- 不要过度控油并依赖吸油面纸，这样反而会刺激你的皮脂腺更快分泌油脂。
- 每周要进行一次毛孔大扫除，做深层清洁，千万不能偷懒。

10 分以下
干性皮肤

你需要注意了，你的皮肤非常地缺水，常伴有皮肤敏感症状，这也是造成很多人皮肤加速衰老的最大原因。

- 平时经常使用补水面膜，可以在干燥季节每隔一天就做一次。可以选择免洗型面膜，因为不容易因面膜贴造成皮肤敏感。
- 化妆水不可以使用含酒精成分的。一定要选用天然成分添加型的。如一些花瓣水，或者含水果萃取精华的。
- 面霜要以滋养型为主，绵羊油成分以及含深海鱼油等成分的都可以。或者是含有玻尿酸的，具有补水效果。
- 缺水的干性皮肤容易产生角质。祛除角质一定要用温和型的产品，千万不要用磨砂型强效产品。也不能频繁祛除角质，一般一个月做一次即可。这样可以防止皮肤敏感的发生和皱纹的生成。

护肤第一步是，必须知道自己是什么肤质。这很重要，可以让你不再盲目购买不适合自己的护肤品，也可以让你的皮肤免受意外伤害。

在这本书里，我会特别推荐我使用的一些私家品牌护肤品和化妆品，并分享一些私人的护肤和化妆经验。

我的皮肤属于典型的"敏感肌"，我常常和身边的朋友开玩笑说，对于化妆品的好坏评估，我是最有价值的小白鼠，如果我用了以后效果好，那它们就是真的好了。

如今化妆品市场发展非常快速，无论是国产还是进口化妆品，只要是正规品牌，性能和质量基本上都是不错的。

不要盲目相信那些效果过于神奇的产品，那些产品能产生某种神奇效果，往往是因为含有激素或者某种有害物质含量超标，所以理性选择被市场检验过的品牌，对我们来说更好更安全。

缺陷，就是你的选择

　　皮肤的基质状态好不好，对妆容效果的影响非常大，我给模特或者明星艺人化妆的时候，非常注意皮肤的基质状态：弹性好不好？肤色是否暗沉？有没有死皮和角质？有没有痘痘？毛孔是否有些粗大？是否有干纹？先审视这些，然后根据他们皮肤的具体状况来做妆前的改善。

　　明星艺人经常忙于各种通告，做飞来飞去的空中飞人，有些人的皮肤本身就有一些先天性的问题，加之因为忙碌常常疏于做皮肤护理，所以他们会出现各种各样的皮肤问题。

　　所幸这个时候，我们还是有很多办法去补救的。

● 皮肤弹性不好

皮肤弹性不好，通常是由于皮肤缺水也缺油，对于这样的皮肤，不做好基础护理，就直接上粉底的话，粉底不会特别服帖皮肤，底妆会显得很"浮"。

对于这样的情况，我最常用的解决方法就是用快速补水的免洗面膜敷 5 分钟后，用手指按摩皮肤，至水分全部吸收。在这之前，清洁皮肤之后要尽可能多用一些化妆水轻拍皮肤。补水推荐 CPB 的水磨精华。

必要的时候，在面膜完全吸收之后，再涂一层滋养型面霜或者精油，以保证皮肤有一定的油脂，以"油"锁住皮肤水分。

● 肤色特别暗沉

在肤色暗的情况下，我们需要一个看起来皮肤很白皙透亮的妆容，我会选择用可以调亮肤色的隔离霜来做修颜。CPB 的防晒隔离可以做妆前乳，可均匀肤色。

注意：大多数情况下，有调亮肤色功能的隔离霜都会偏干，所以还得注意不能涂太多，只在需要提亮肤色的部位重点涂匀就好。

⬢ 皮肤有角质和死皮

对于这种情况，化妆师是最头疼的。即使化妆师用补水面膜敷过了，改善效果也一般。这个时候，你应该做的是祛除死皮和角质，通过选择性质温和的产品在死皮较多的部位按摩祛除。CNP-RX 系列去角质的效果更温和。

切记：不可以使用磨砂产品，因为接下来化彩妆可能会刺激到皮肤，引起皮肤敏感。

⬢ 皮肤毛孔粗大

对于毛孔明显粗大的皮肤，可以选择修复毛孔的产品，先抚平毛孔，再化妆。现在这样的产品很多，而且大多都含有天然成分，可以瞬间抚平毛孔，卸妆的时候又很容易卸掉。这样做可以避免毛孔出油，妆容也就会更持久。我比较推荐纪梵希妆前凝胶，它的控油效果还可以。

注意：使用的时候不能整张脸都涂，只能涂在毛孔比较明显的部位，用手指打圈的方式，薄薄地涂抹一层。

⬡ 皮肤有干纹

如果皮肤有干纹，那说明皮肤极度缺水。所以，除了前面说的要采取基础补救措施，还得注意粉底的选择。

一定要选择保湿型的粉底液，定妆粉也不能太厚了，这样就能避免干纹出现。

TIPS

1 一定要保证充足的睡眠。"睡美人"的说法就源于此，每天最好保证 6 个小时的睡眠。

2 注意饮食均衡，补充身体需要的维生素。

3 注意皮肤的补水和防晒。补水护肤品和防晒用品是四季常备。

4 切忌使用依赖性较强的产品。显效极快，以及那些一旦不用皮肤就不好了的护理品一定是有问题的。

懒惰，是护肤的天敌

有没有一种既省时又省力的护肤方法呢？

太多人会这样想了。我相信每个忙碌的职业女性都抱怨过自己没有时间去美容院护理皮肤，也经常在忙碌一天后完全没有心情再为了自己的脸折腾一番。

但是，大家都知道一句话："没有丑女人，只有懒女人。"

1 我们可以根据自己的皮肤类型，制订一个一周护肤计划，在不同季节再做适当调整。把这个小小的护肤计划贴在化妆镜前，每日照做。长时间坚持下来，你会发现你的付出是值得的，成效很不错。

2 看电视的时候敷一贴面膜，坐电脑前时敷一贴面膜。

3 星期一也许是补水面膜，而星期三你可以做美白面膜。

4 早晨出门前用电子煲汤锅煲一锅美容羹，下班回来就可以享用了。

5 为自己准备一个摆放化妆品和护肤品的美丽的化妆镜台，里面那些美丽的瓶瓶罐罐也会诱惑你总想触摸它们，想要在化妆台前多停留一会儿。

CC 霜

　　珍爱自己的皮肤就像珍爱我们的事业一样，只要愿意付出，总是可以看到美好的结果。

　　忙碌的职场女性，很可能成为护肤课程的懒学生，我曾经就是。

　　我们有太多理由解释为什么没有好好关照自己的皮肤。它们又可以归结为一个字：忙。

　　但我提醒大家，即便再忙，每天至少要完成如下这几步护肤流程，这是最基本的日常护肤步骤，是不能少的哦：

化妆水 ➡ 精华 ➡ 眼霜 ➡ 面霜

（日用夜用的要分开）

TIPS

　　每周最少敷一次面膜，眼膜可以一周敷两次。精华霜一定要按摩至渗入皮肤才可以，眼霜也同样需要配合按摩手法。

周一

匆匆赶时间的周一，是每个上班族最纠结的日子。对于这样的早上，拥有一份好心情实在太重要了。周末是不是很劳累？你可能会和家人一起郊游，或者和朋友们一起聚会或逛街，这都可能使皮肤得不到最好的休息。那么周一，你就早起十分钟，敷一片醒肤的面膜吧。"叫醒皮肤"以带有水果清香或者淡植物清香的面膜最佳，这样会一下子让你感到神清气爽，然后再进行接下来的护肤和化妆。

周二

周二的工作往往排得最满。千万不能面带疲倦之色。除了正常的护肤流程之外，一份营养丰富的早餐和一杯香浓的咖啡也是一天最好的前奏。不过咖啡不宜多饮。

周三

周三对懒人来说比较难过，工作忙碌的你可能感觉身心俱疲。夜晚来一个温馨的泡泡浴，可以使整个身体的血液循环更好。等皮肤的灼热感略微消退后再开始护肤步骤。

周四

"醒肤面膜"可以继续上场。如果时间紧迫，就使用冷水洗脸，也可以起到叫醒皮肤的效果。做法是使用温水和冷水交替洗脸，最后用冷水轻拍脸颊两分钟。OK之后，就可以开始你的化妆步骤了。夜晚则最好在10点前入睡，不要超过11点。当然，我知道做到这一点很难，但是一旦养成了习惯，生物钟就会自动调整。

周
五

可爱的周五终于到了。这一天似乎每个人都会有些小兴奋，盘算着晚上去哪里约会、聚餐，或者参加 party。那么懒人们要注意，不论你回家多晚，请一定卸妆。然后敷一片含有精华成分的营养型面膜。你需要为劳累的皮肤补充养分。

周
六

记得睡到自然醒。窗帘一定要用遮光效果好的，它会让你忘记时间。皮肤得到最好的休息，就会给你更好的回报。如果出门，千万别忘记做好防晒。

周
日

如果今天你不必出门应酬或者加班，我建议你可以试着素颜一天，让皮肤得以放松。如果一定要出门的话，可以涂一点儿有颜色的口红，会让你看起来元气满满。

洁面

YUEXLIN 彩妆双效洁净卸妆水

植村秀卸妆油

香奈儿洁面乳

喷雾

香奈儿奢华精萃精华喷雾

美帕维生素 B_5 喷雾

精华乳

资生堂琉璃御藏高浓缩修护精华

颈霜

资生堂悦薇抗皱紧实颈霜

隔离防晒

肌肤之钥钻光隔离妆前乳

肌肤之钥防晒霜

Esprique 清凉冷感防晒喷雾

定妆粉

嘉娜宝天使光感蜜粉饼

面膜

SK-II 前男友面膜

化妆水

SK-II 护肤精华露（神仙水）

眼霜

SK-II 金钻致臻再生眼霜

面霜

标婷维 E 乳

SK-II 肌源修护精华面霜

（新多元面霜）

粉底霜

嘉娜宝 Twany Century

世纪粉底霜

肌肤之钥晶钻粉霜

眉笔

YUEXLIN 彩妆双头造型眉笔

无惧山高水长，许你一世容光

眼影

YUEXLIN 彩妆单色眼影

莎娜 EXCEL 大地系四色眼影

眼线液

熊野职人工匠级眼线液

修容

魅可 omega 大地色修容阴影

涂酷艺术课堂修容粉饼

化妆刷

YUEXLIN 彩妆迷你版 14 支套刷

睫毛膏

YUEXLIN 彩妆双头炫黑睫毛膏

高光

迪奥 BACKSTAGE 修容盘

定妆产品

高丝定妆喷雾

井田眉毛定型液

艾杜纱无瑕美肌修正液

唇膏

YUEXLIN 彩妆经典雾面唇

　　膏 111#、901#

植村秀小黑方唇膏 963#

圣罗兰黑管亚光唇釉

香水

祖玛珑英国梨鼠尾草香水

阿玛尼苏州牡丹香水

成熟女人的底妆

很长一段时间内，我拉着行李箱和明星艺人走过很多城市，出现在各大舞台、综艺晚会的后台。作为一名时尚化妆造型师，我确实有很多机会给明星艺人做造型，这也让我有机会看到明星屏幕背后更为真实的一面。

央视的《朗读者》栏目，不仅让观众看到主持人董卿的稳重大气的知性之美，更感受到她由内而外散发的女性魅力。近距离接触她，让我更为深刻地理解了这种美。

我第一次给董卿老师化妆，是杂志社为她拍摄封面，那次经历很愉快。董卿老师很瘦，身材很好，尤其一双长腿非常令人称羡。她的脸庞非常精致小巧，五官秀美，皮肤很好，上妆之后的效果更好。她喜欢自然大方的妆感，对于发型也要求稳重端庄，同时具有时尚气息。

对于粉底，董卿老师喜欢干净清爽的，要有很好的光泽和透亮的感觉，恰好我也非常善于打造清透底妆。对于时尚与美的理解，我们总是能够不谋而合。她也觉得我们的审美观念有契合之处，之后一些大型活动，就开始让我为她化妆。

她喜欢优雅、简洁但很精致的风格，像她的首饰盒、小皮箱，都非常精美。看到这些小物品，你就知道它们的主人对生活很有要求，也很有品位。

以前观众可能会看到，董卿老师平时几乎都是同一款发型。有一次，她主持《我要上春晚》，我想根据她的服饰给她换一种发型，于是和她交换了一下意见，她也很有兴趣试试。我为她设计了一种新发式，头发中分，往后梳得很干净，令她饱满的额头更明显，发尾处理成有点儿温婉的风格。她也很喜欢这种新发型。

但是到第二次录制节目，我又去帮她化妆做造型时，董卿老师笑着和我说："这次咱们不换发型了吧，有观众反馈意见了，还是习惯我原来的造型。"我说："能理解，没关系，咱们还按原来的发型做吧。"

她曾告诉我说，一年 365 天，她有 180 多场演出，也就是说平均两天就有一次演出，可想而知这是多么庞大的工作量，我想她在背后付出的努力，应是常人难以想象的。即便是在我给她化妆的间隙，除了一些简单的沟通，她都是拿着台本，不停地小声念着，直至上台。中间有演员表演，她从台上下来，会找一个角落，继续拿着稿子念、背。有时还会主动和其他工作人员一起参与细节的规划调整，比如灯光会在哪个位置，怎么站位会更好。

在和董卿老师合作的时候，我们都会被她那种对工作的认真与执着感染到。工作的时候，她身上会自带一种光环，令你认识到认真的女人最美。

因为工作太忙，大部分时候董卿老师要自己化妆，她说这样会更快，效率会更高。其实，即便是从专业时尚造型师的角度看，董卿老师的化妆水平也是非常高的。作为业内人士，我非常清楚，不经过一番苦练，是达不到这样的水平的。

媒体曾给我安了一个"董卿背后的造型师"的名头，这让我有点儿难为情，准确地说，这个说法有些失实，因为那些年我们常看到的董卿老师的完美妆容，很多时候都是她自己完成的。

董卿是一个对时尚和美有着自己独特理解的人，对每次演出的服饰也有自己独到的搭配理念。敬业，活得精致，对美的认知非常到位，她是很多知识女性非常欣赏和喜爱的时尚偶像。

为什么明星和时尚大咖即使素颜
看起来也那么有神采，
甚至男明星也是肤质很好的样子？
这一切都离不开一个完美的底妆。

"快手妆"：
这么美的素颜

CHAPTER
02

给我 5 分钟的时间

女人化妆究竟要多长时间才够？这个问题可以衍生出很多意味深长的小笑话。我来讲讲其中一个吧！

一对夫妻约好去看电影，出门前，妻子要化妆，丈夫便在外面等待。当丈夫再次进到房间里的时候，妻子不解地看着气喘吁吁的丈夫说："可以了，我们走吧。"丈夫却说："我已经在你化妆的时候看完电影回来了！"

这听起来太夸张了。但对很多女人来说，化妆确确实实是一场大战。总有人抱怨为什么自己总是没有时间化妆，只能素颜飞奔出门，休息日就只想偷懒，不想花时间去化妆。

每当她们问我有没有特别简单快捷的化妆法，既可以化好妆又节省时间，我总是笑着告诉她们——多给自己 5 分钟。

5 分钟你可以做很多事情。我的方法：将家里所有的钟表以及手机的时间都调快 5 分钟。

5 分钟妆容

1 用最快的速度涂好具有遮瑕效果的 BB 霜；

2 用咖啡色的眼线膏轻轻地扫出眼线，再把睫毛膏涂好；

3 微笑着涂好腮红；对着镜子做一个甜甜的噘唇动作，用淡颜色的口红涂一下嘴唇；

4 将香水喷向空中，走过去，拿起包包走出家门……

这个 5 分钟的妆容，也许不够精致完美，但是应付一些日常的需要，已足够了。当然，如果你对美妆的理解力不断上升，达到一定境界的话，就可以更为刻意地"随意"一些了。

有一次，我收到邀请，要参加一个时尚品牌的发布会。这个发布会是在晚上举行，而且我被安排在第一排就座。

到了举行活动那天，碰巧白天的工作比较繁杂，整个人忙得昏天暗地。我只想着下班后回家好好地在沙发里"葛优瘫"。好不容易结束了工作，助理匆忙跑来说："岳老师，要出发了，不然来不及了。"

我这才意识到，还有个隆重的活动等着我出席。我无力地扫了一眼镜子，早上出门时化的妆，已经几乎可以忽略不计了。我还没有做出什么反应，车已经到了公司门口。

我记得早晨从家出门的时候，车上带了一条裙子（对要经常去各种场合参加活动的女性来说，车里常备一些礼服之类的衣服，可以有备无患，非常必要）。于是我就把它拿出来，套到身上。脸妆呢？早晨化的那个淡妆已经花得不行了，也没时间补了，而且时间也不允许我化一个非常精致的妆容。

怎么办呢？

顺手拿一支口红揣包里——这一瞬间，我需要决定拿什么颜色才能让我的妆容"起死回生"。这就非常考验搭配的功力了。

等到了活动现场，去签到的时候，当时大背景前有很多人，但是邀请方负责接待的人一眼就看到我了，因为我涂的口红颜色实在太突出了——紫红显黑的车厘子色。我脸上别的妆都掉得差不多了，但是那个口红的颜色特别突出。可以说这是一款很热烈、特别的妆容，完全看不出没空化妆的任何痕迹。我对活动的重视感，也随着那一抹车厘子色，充分体现出来。这让邀请方大为感动，不停致谢。

TIPS

在我们化时尚妆的理念中，有一个不成文的规定：妆面不能有两个以上的重点部位。所以如果你有一支特别鲜艳的口红，其他地方淡淡地掠过就可以了。如果你其他地方都化得很浓，口红颜色也很浓，整个妆容就显得很俗了。

这种快手妆，快到迅雷不及掩耳，有没有？其实还是那句话，如果你有意修炼，当你的审美达到一定境界，一支口红就能营造一种隆重的气氛——我觉得那支口红的颜色真的是很"隆重"了。

这种口红补妆化起来特别快，我负责任地告诉你，如果情况紧急而你又没多少时间，那你其他地方不补都没问题，补上唇妆就可以了。

美丽私语

平时生活中，即便再匆忙，相信你也不会忙到像我一样只有十几秒的时间选择一支口红。至少要化个简单的淡妆，才能对得起这个不化妆不出门的时代。

每当想到自己从事着让人变美的职业，我都会忍不住幸福地会心微笑。我也会在自己将别人打扮成更美的人，或者给自己化了一个美美的妆之后，特别地感慨：生为女人，真好！

更加美好的是，我们享受化妆的过程，享受看着自己一步步变美的感觉。

即使有一天因没有休息好，一脸倦容的时候，我第一时间也会想到敷一个补水面膜，抢救倦怠的皮肤，然后化一个美美的妆。最重要的是一定要将眼睛化得更有神采，然后自信地走出门工作。

但是，化妆是需要学习的。如果想让化妆成为习惯，我们要做的是不断摸索和尝试。享受这个学习变美的过程，看着自己不同阶段拥有不同的美。即使在这些摸索的过程中，我们经常经历失败，但最后总是可以找到适合自己的方法。

重要的是，无论什么时候开始化妆，都不会太晚。晚总比没有动静好，你现在就要做好开始变得更美的准备。

画重点

咳咳，最后要敲黑板画重点了：要练成出门前 5 分钟化妆的技艺，也没那么容易。

需要用许多个 5 分钟来了解自己，了解自己的皮肤，了解自己的眼形，了解自己适合的色彩……

我们还需要许多个 5 分钟去选购适合自己的化妆品，用许多个 5 分钟来练习化妆。

把这一切当成必修的生活技能，慢慢练习，过一段时间之后，你就不会感到为难了。

判断肤色，选择粉底

化妆是最好的伪装，它可以让女人的年龄成为秘密，它可以给我们更多自信和更多机会。

如果你真的是每天奔跑穿梭于城市车流之间的"忙女"一族，也真的只有那几分钟的时间，遮盖疲倦的面容、黑色的眼圈、苍白的嘴唇……想要在这个不化妆不出门的时代不至于落伍，我可以很负责地告诉你：你需要一个简单的完美底妆，把自己伪装起来。

要画好这种简单、完美的快手妆，最重要的"核心武器"是：一个粉底、一个刷子、一支口红、一支眉笔（如果手法熟练，可以加眼线笔；如果你属于手残党的话就不建议在快手妆里用眼线笔了，你懂的）。当然，还要加上岳老师教你的快手妆小技巧。

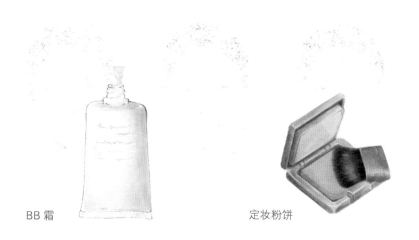

BB 霜　　　　　　　　　　　定妆粉饼

● **选择合适的粉底**

作为一名专业人士，我对彩妆用品有着无法控制的钻研"欲望"。我经常会在化妆品柜台流连很久，对每一种产品的品质细细地了解一番，这也成了我工作内容的一部分，更是我的兴趣所在。

在化妆时，尤其在没有更多时间仔细化一个精致的妆容时，能掌握一种化若有若无的底妆的技法是特别重要的，而想达到这种效果，重中之重就是选对粉底。

总是有很多人问我粉底的颜色和质地到底该怎么选。还经常会有朋友苦恼地告诉我，新买了一个别人推荐的粉底，而自己用却感觉太白，或者显得脸色很灰暗。还有人跟我抱怨，明明自己只涂了很薄的粉底，却被男朋友笑话是浓妆艳抹来约会。

其实，这些都是因为没有选对适合自己的粉底颜色。

要避免这些，首先让我们了解一下自己的肤色类型，这样选粉底才不会出错。

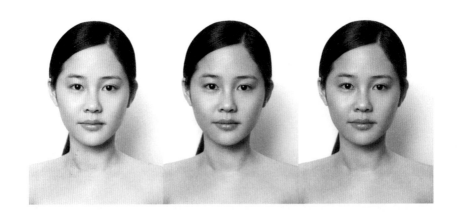

● 冷暖肤色测试

其实，我们的肤色也有冷色调和暖色调之分。

知道自己的皮肤色调，除了可以帮助我们挑选更适合自己的衣服颜色，在化妆环节，还可以根据自己的皮肤色调挑选出更适合自己的彩妆颜色。粉底颜色当然也遵循这个规则。

想要给自己化一个美妆，这一步可是非常关键的。因为一旦选错颜色，脸上就会像戴了面具一样不自然，特别容易暴露化妆痕迹。

明星艺人经常出现在各种镜头和屏幕前，对他们来说，最好的底妆应该是隐形的。那么对我们来说，若想让妆容既美美的又看起来很自然，也绝对要选对粉底颜色。

下面是一个简单的小测试，通过测试你可以分析出自己肤色是冷色还是暖色。在以后的化妆中，就不会出现"假面具"现象了。

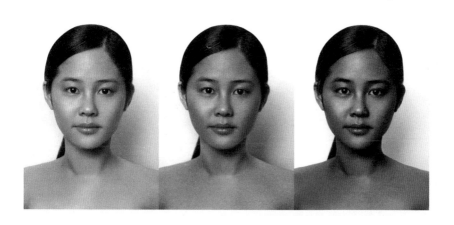

从左到右，肤色从浅到深

1 在自然光线下看你自己的
手腕内侧，你的静脉颜色更
接近于什么颜色？

A 蓝色　　　B 绿色

2 你买过黄色或者橘色的衣
服吗？穿上这样的衣服，
你的气色看起来怎么样？

A　很可怕，从来没有穿过
黄色或橘色的衣服，那让我
看起来像生病了一样蜡黄

B　有好几件这个色系的衣
服，很漂亮，给了我很好的
光彩

3 把一块金色和一块银色的
眼影并排涂抹在你的胳膊
或者手臂上，哪一种让
你的皮肤看起来更加有生
气？（如果你没有这种颜
色的眼影，可以用金色和
银色的衣服来代替）

A　银色看起来不错

B　金色真的非常棒

4 如果你不涂防晒霜就出门，
你的皮肤会怎样？

晒后发红

A 很容易发红，皮肤像要
烧起来一样

B 比较容易被晒成黄褐色

晒后呈现黄褐色

5 你的眼睛虹膜颜色属于哪
一类？

深棕色

棕色

黑色

琥珀色

A 黑色或深棕色　　B 棕色或琥珀色

答案

选 A 比较多的你属于
——冷色调。

你是个冷美人！你的皮肤属于冷色调。那么你选择粉底的色系可以是粉色系，这是与黄色调对应的一个色调。咨询彩妆专柜的服务人员就可以准确找到。

选 B 比较多的你属于
——暖色调。

你是个暖美人！粉底色系可以选择黄色系，这是专为黄肤色人种所设计的底妆类型。不要因为自己的脸色发黄就害怕用偏黄的粉底。其实，以黄色为基调的粉底反而让底妆和肌肤没有色差，妆容效果既自然又漂亮，不会让人轻易发现你化了妆。

● 有关粉底的要点

仅仅知道自己肤色的冷暖显然是不够的。各个品牌的粉底色系编号都不同，可以在购买的时候咨询销售顾问具体的色号，试用之后再仔细判断，最终找到最适合自己的色号。

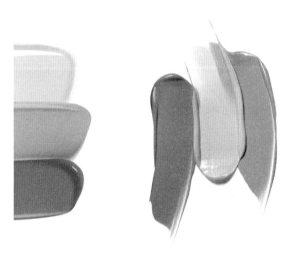

选粉底

试用粉底的时候最好在下巴附近的皮肤上试用。

因为这个部位的肤色通常会有些暗，如果打上粉底之后能够改善肤色，使脸部肤色看起来更加均匀，那么这个颜色的粉底就可以在整个面部使用了，这样的粉底会让你的底妆看起来非常自然。

然后，你可以选择一款比这个粉底色亮 1—2 个色阶的粉底液或遮瑕液做提亮色，用在鼻梁、下巴、额头等高光处。

不过，如果平常你不想用两种以上颜色的粉底塑造脸部的立体感的话，你购买的粉底的颜色应该相对你自身肤色亮白一点点，这样会让整个人看起来气色更好。

除了粉底液，还有粉底霜、粉底膏、散粉、粉饼等，这些都是用来完成底妆的化妆品。不过，选择之前要知道各自不同的效果：

粉底类型

粉底霜　相比粉底液遮盖力是要更好些，但比粉底膏还要保湿一点儿。

粉底膏　它的遮瑕力是最强大的，可惜皮肤如果较干，或者化裸妆时，就不能选择，因为底妆会看起来很厚重。

散粉　定妆的效果非常好，不过携带起来非常不便。

粉饼　外出携带很便利，但补妆过多会使皮肤变干。

选择化妆品类型的时候，还是应该首先考虑颜色是否适合自己，这是最关键的；其次看是否便利和效果持久。

打粉底

选好了粉底，接下来我们看看该怎么打粉底吧。

有很多人说，分不清粉底到底是用刷子来刷呢，还是用手指涂抹，或者用粉扑。

这个问题一提出来，我脑海中就浮现出一个画面。有一次我的行政助手帮我家粉刷一面墙，用了很短时间就刷好了。我看到时，感到十分惊讶，因为粉刷的效果特别好，非常均匀。当时大家还笑着说如果他也

TIPS

气垫霜　如果时间紧张，那么选择一个色彩自然的气垫 BB 霜或气垫 CC 霜也是非常好的。因为气垫霜不仅粉扑很柔软，粉质也很细腻滋润。

气垫色号　市面上往往仅有 21 # 和 23 # 两个颜色，可能无法适合所有的肤色；那么你可以选择一个适合自己的定妆粉，来二次修饰一下肤色。除此之外，略深一点儿的定妆粉还可以替代阴影粉，可以使脸部轮廓看起来更立体。

学习化妆，粉底应该会打得很不错。

其实，打粉底的过程还真的跟粉刷墙一样，最终目的都是颜色均匀一致，要使整个脸部肤色看起来和身体的肤色完全一致，并起到遮盖瑕疵的作用。

特别是，在化快速妆面的时候，工具一定要精简到最少——比如只用一个粉底刷。

<u>粉底刷可以让粉底的上妆效果更好——它刷出来的效果比手拍按的要均匀，因为手指间的缝隙会使得上妆不匀，容易造成有的地方厚，有的地方薄。</u>

快手妆小窍门

⬣ 一支口红救全场

上午上班忙忙碌碌，下午需要去见个重要的人物，怎么用一支眉笔，一支口红，打造成能让自己见人的样子？

你包里面肯定要有一支特别鲜艳的口红，颜色重一点儿的，最好是雾面的，因为雾面亚光的口红效果显得比较高级，特别适合你去一些隆重场合。

所谓快手妆，其重点在底妆和涂口红上。而底妆和涂口红在化妆中，应该算是对技术要求相对低的——比如口红没涂好也没事，有时候涂不好，别人还以为是一种新的时尚涂法，因为时尚界一直会有比较前卫的妆面，比如故意做得妆面不完整，口红只涂一点儿。

⬣ 画眉毛改五官，一劳永逸

有朋友会问：我时间不够，但眉毛不能不画啊！怎么用最快的速度画好眉毛呢？

我觉得关注"快手妆"的朋友，平时肯定是非常忙的。所以对于眉形，我建议先找一个好的眉形设计师给你设计一个，再帮你修好；然后按照修好的眉形，每两周修一次，就相当容易了。

眉毛对五官的改变也是很直接的，眉毛画长一点儿就会显得脸短一点儿；眉毛短一点儿脸就会显得长一点儿。

东方面孔并不适合太
过欧式的眉型

长脸 或者是中庭比较长的，眉毛要长一点儿才好看，而且要平直，这样会显得脸变短了。

短脸 就需要眉头稍微压低一点儿，眉头往下画一点儿，会有眉峰扬起来的感觉，就会显得脸拉长了一些。

对于一些人图省事直接文眉，我是比较反对的。我一直鼓励尽量保留原生眉，如果原生眉保留得好，整个人的状态是真实的、自然的，这是美妆追求的最高境界。除非是眉毛又细又少，或者是眉形不符合脸形，需要修整，再考虑文眉。

其他方面，如眼影、眼线的细节补充，如果实在没时间，我建议宁可不化也不要轻易带着某处失败的妆容出现在重要场合里，或者站在重要的人面前。除非你经过长期的训练，手法纯熟，可以保证又快又好地化出来。

关于选择适合的产品，前面我简单介绍过：

首先是基础打底的部分，我喜欢在一张水分较为充足的脸上化妆。我喜欢能为皮肤快速补水的产品。这种产品我坚持使用了好几年，很多听过我讲课的化妆师或者化妆爱好者也都非常爱用。

其次就是找一款能够让肤色看起来更为均匀的粉底。一款自然的裸妆还应该能够带妆持久，这就需要有很好的定妆产品。

这里再为大家推荐几款我自己喜爱的产品。

补水面膜

NARS 的补水面膜性质很温和，不会很黏腻、厚重，虽然是一款面膜，但作为化妆前的快速补水产品也很好用。尤其晚上卸妆后，依然能感受到脸部滑滑的。

调整肤色亮度

我喜欢用香奈儿的隔离，有淡香的味道，因为质地非常轻薄，可以均衡肤色，瞬间提亮肤色，并且不会留下干涩和厚重的感觉。

粉底

我最爱用的是 MAKE UP FOR EVER 的粉底，还有阿玛尼的精油粉底。前者非常薄透，并且有紧致皮肤的效果；后者适合舒缓细纹，而且质地也非常薄透。颜色可以按我前面教给大家的方法进行选择，日常裸妆可以选择比自己肤色稍微白一点儿的颜色。

定妆粉

我最爱用的是香奈儿的高清蜜粉，以及阿玛尼的丝滑蜜粉。前者适合更加清透的妆容，而后者是需要呈现丝绒质感的时候的最佳选择。

遮瑕膏

遮瑕是非常重要的，我最爱的是 ipsa 的遮瑕膏，对遮盖斑点效果可以说是立竿见影。而眼部黑眼圈和眼袋的遮瑕，我最爱的是 Kesalan Patharan 眼部双色遮瑕膏。

这两款是我曾经常用的品牌，现在我用的是自己品牌的气垫粉扑。

腮红

我现在很喜欢用一些丝滑质地的唇膏替代腮红，前提是品质要很好，不然面颊皮肤会过敏。当然，直接使用膏状的腮红也不错。比如 3CE 的膏状腮红，只需一点点就可以非常贴合皮肤。

眉笔

最爱的无疑是我自己研发的这款，同时也推荐 YUEXLIN 防水眉膏。很多人眉毛太稀少时，会担心眉妆脱落，那么防水眉膏就非常重要了。

唇妆

唇部的产品非常多，多到选择时真的很困难，那么我的建议是，颜色和质地最关键。我常用的是阿玛尼的 202 # 唇釉和 YUEXLIN 的 111 # 裸色。这两个质地不同，前者非常滋润，后者则是丝绒质感。

裸妆眼影

我最爱的是 moonshot 的 m03 # 亚光色，当然其他品牌的也可以，但是画裸妆最好使用亚光色，或者细微珠光色的。

睫毛膏

我还是觉得 YUEXLIN 双头睫毛膏真的很好用，可谓物美价廉。

以上产品都是我偏爱的，其实质地相仿的也 OK。买化妆品这件事，很多人都会觉得专业化妆师一定更有经验，但是我也是用了很多产品后才找到自己用起来顺手的，选择的关键是颜色和质地。

自然美的裸妆也是近年来明星们的最爱，越来越多的人喜欢更为真实的妆容，因此遵循"自然"和"轻盈"这两个关键词就对了。

当你开始做自己，

你就变得美丽。

When you begin to do yourself,

you become beautiful.

美丽私语

　　确实，就化妆而言，风格、种类非常庞杂，有太多时尚流行的妆容，还有众多的风格划分，但这里不一一陈述。

　　像我前面说的那样，其实现在网络信息特别丰富，网上有非常多的美妆达人录制好的教学视频，包括我自己也曾直播过如何化妆，这些都可以直接解决很多人的问题。

　　我依然是那句话：首先我们应该有一个化妆的动机，这是一个非常重要的前提，然后才有不断的尝试和创新。找到属于自己的那一个风格，或者标志性妆容，需要很多时间和经验的累积。

寻找时光的痕迹

青年演员张皓然与我，可以说是有着姐弟一般的感情。我们经历了很值得怀念的一段时光。每每提及那次巴黎之行，他都说感谢我陪他完成这次国际舞台的首秀。

我们一起去过巴黎时装周。那些天他参与的每一场大秀，我都力求发型设计和服饰搭配符合秀场品牌的风格。

男演员的化妆虽然更简单一些，但对眉的形状和粉底颜色的要求很高，这些会非常微妙地改变一个人的气质，对我也是很有趣的挑战。还有就是发型的微妙变化，看似很简单的轮廓都可能对整体风格有很大影响。

很开心我每次给他做的造型的接受度都很高，对化妆造型师来说，给谁化妆不是最重要的，最重要的是当你遇到了默契的客户，那种成就感让人很满足。

职业化妆造型师的工作趣味就在这里。不同性别的选择、浓淡间的选择、快慢间的选择，都隐匿着时尚的秘密，也考验着一个化妆师的功底。

许多人知道，我做过一些时尚秀场造型，过去十几年都在从事化妆造型培训事业，国内外有非常多的学生，我通过我的工作去发现、探索、展现美，赢得了众多支持和关注。

那些年我拎着化妆包行走在各个秀场和大型演出现场，给不同的明星做化妆造型，很多记忆中的故事画面，色彩斑斓，也充实了我的职业生涯。

其实，无论对方是谁，于我来讲，化妆的体验都是一样的——看着她或他以最美的面容和着装出现在众人面前，就是一个化妆师最大的幸福。

我们这辈子最好的作品，
就是做好自己。
越是简单的妆容
越能传递不动声色的美感。
所以，化裸妆难度更高。

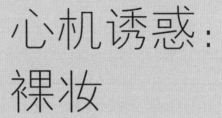

心机诱惑：
裸妆

CHAPTER

03

裸妆灵魂：自然、轻盈

其实我接触的明星艺人大多工作繁忙，多数时间都是带浓妆的。偶尔不拍戏或者没有演出的时候，他们更喜欢以自然裸妆示人，既简单清爽又可以不失好肤色、好气色。

一般我会建议素面朝天的女性朋友，无论你有何种理由，至少要学习一下最自然的化妆——裸妆。因为你只需要一点点的时间，就可以与素颜有很大的差别，这对工作忙碌的女性来说非常适合。

我身边有很多朋友忙于事业，每天都忙忙碌碌。不要说化妆了，就连自己的头发也常常是几个月都不修剪，也没有好好地护养或者做颜色。

即使某一个时期忽然要加入美妆大军，买了一堆保养品护肤品，外加一堆的彩妆品，但好景不长，只要一忙起来，那些宝贝又被扔到角落，她们每天素面朝天就去工作了。

"时间不够。""长相普通能力强就够了。""没心思去化。""不会。"……对照一下，哪一个更像你的借口？

但是，每当出席特别的场合，需要化妆时，不少人会抓狂。现在如何让更多人开始意识到形象美的重要，并一步步开始变得更美，是我们一直努力的方向。我们应做的就是，分享和传播更多的美丽知识。

如何像明星一样化一个又自然又漂亮的裸妆，又忙又美呢？

让我们在前面刚刚提到的完美底妆的基础上，进行接下来的裸妆步骤：

微笑着将肉粉色腮红扫在苹果肌上。

先画腮红，因为这是让你气色变好最快的一步。对于腮红，我们可以选择大多数人都适合的三文鱼粉色，这是一个非常自然的颜色，不会很夸张。

用咖啡色眼线笔描画眼线，再用棉棒将眼线晕开。我们一般根据眼形来画眼线。

如果想让眼睛看起来又圆又可爱，那么在眼睑中部的睫毛根处可以画得略宽一点儿。如果想让眼睛看起来更妩媚一点儿，就可以适当地拉长一点儿眼线。

3 画眼影

选择自然浅咖啡色的眼影。

可以略有一点儿珠光，淡淡地扫在眼睑上。

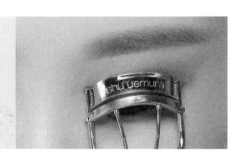

4 夹翘睫毛

选择适合自己眼球弧度的睫毛夹

这一步还是很关键的，卷翘的睫毛可以让眼睛看起来更明亮。先从睫毛根部夹起，再抬高手腕，换一下角度，就可以把睫毛夹弯。

5 睫毛膏

选择清爽型睫毛膏。

如果选择浓密型的睫毛膏,可能会使妆容看起来有突兀感,只有比较浓的眼妆才适合选择浓密型睫毛膏。

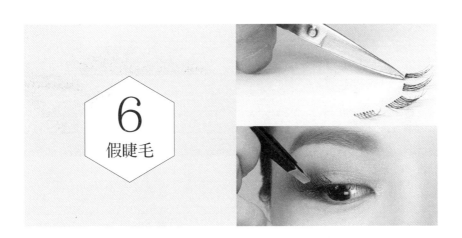

6 假睫毛

粘假睫毛。

可以将自然型的假睫毛剪成几段来粘贴,这样粘贴出来的假睫毛会非常真实而自然。

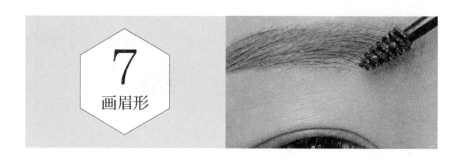

用眉膏或者眉粉扫出自然眉
形，或者用眉笔补好眉形。

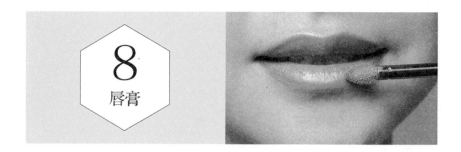

选用一款裸色唇膏，然后再
用润唇膏滋润唇部。

　　OK，一个漂亮的裸妆就完成了。

　　裸妆不是不化妆，也不是单纯意义上的淡妆。裸妆是可以拥有好的
气色和精神面貌的基础。

美妆利器化妆刷

如果说化妆是我的情人，那么化妆刷就是情人给我的告白玫瑰。

我从小就很喜欢笔一类的物件，喜欢写写画画，据说小时候"抓周"也是先抓了一支笔。读书时代，曾想学习美术，一生手拿画笔，但最终拿起的却是化妆刷。

化妆刷对我而言，很像是文人墨客手中的毛笔，我喜欢手持光滑笔杆时的那种触感，还有柔软的毛刷触碰皮肤的感觉。这么多年的化妆职业生涯，令我对化妆刷有一种特别的感情。

● 每个人都有一个化妆刷

我常常和我的学生们说，化妆也是作画，画画有很多种画风，化妆也是如此。想把化妆做好，那么好的工具也很重要，即便我们在生活中化妆，也理应有一套好用的专业工具。

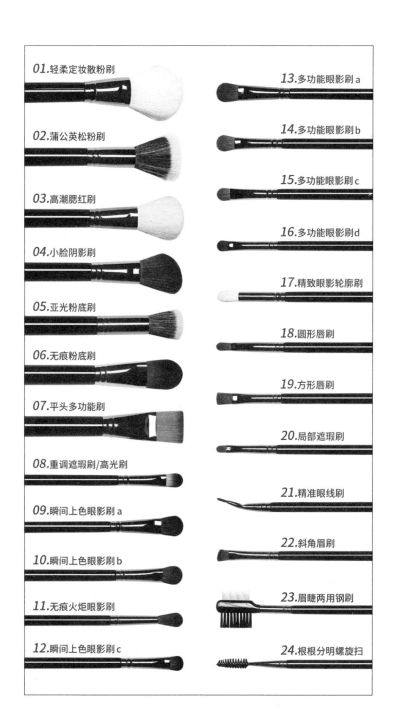

01.轻柔定妆散粉刷

02.蒲公英松粉刷

03.高潮腮红刷

04.小脸阴影刷

05.亚光粉底刷

06.无痕粉底刷

07.平头多功能刷

08.重调遮瑕刷/高光刷

09.瞬间上色眼影刷a

10.瞬间上色眼影刷b

11.无痕火炬眼影刷

12.瞬间上色眼影刷c

13.多功能眼影刷a

14.多功能眼影刷b

15.多功能眼影刷c

16.多功能眼影刷d

17.精致眼影轮廓刷

18.圆形唇刷

19.方形唇刷

20.局部遮瑕刷

21.精准眼线刷

22.斜角眉刷

23.眉睫两用钢刷

24.根根分明螺旋扫

有一次，我在越南旅行，同行的女孩说想让我帮她化个妆，我欣然答应。她满怀欣喜地拿出自己的化妆包，翻出几样化妆品，像个小孩子一样看着我，害羞地说："看，我就这几样东西啊，是不是太少了？"

我从这些物品中捡起一支化妆刷，刷子有点儿旧，刷毛有些变形，似乎也很久没有清洗了。

"只有一个眼影刷吗？"

"是啊，只有一支，"紧接着她问，"那我该有几支呢？"

我说："一支呢，也可以画，可能有些时候就不那么方便了。"

女孩说她看到市面上琳琅满目的化妆刷，但是自己不太懂，同时觉得好像使用起来太麻烦，就没有配备。

从这件事上看出来，可能很多人都没有专业的化妆刷，或许也不知道该怎么选择，怎么用。也有很多人因为嫌麻烦就随便选一支刷毛质感没那么好的，结果可能还对自己的皮肤有损伤，效果就更不用说了。

● 化妆刷的质地

因为设计过我自己的化妆刷，我在产品设计及功能上是有很多的经验的。加上产品反复改进更新，我对化妆刷的功能、使用和设计等积累了不少自己的经验。在这里，我和读者朋友们分享一下。

专业的化妆刷具，能帮助你轻松打造妆容。

专业彩妆刷具的刷毛一般分为动物毛与合成毛两种。天然动物毛有完整的毛鳞片，因此毛质柔软，吃粉程度饱和，能使色彩均匀服帖，且不刺激皮肤。一般而言，动物毛是做彩妆刷刷毛的最佳材料。

貂毛是刷毛中的极品，质地柔软适中。灰鼠毛也有上乘的毛质，一般也是大牌手工刷具的首选。山羊毛是最普遍的动物毛材质，质地柔软耐用。小马毛的质地比普通马毛更柔软有弹性。

人造毛、人造纤维比动物毛硬，适合质地厚实的膏状彩妆。尼龙质地最硬，多用作睫毛刷、眉刷。当然现在也有很多刷具的高科技纤维毛足以媲美动物毛，也符合保护动物的理念，清洗起来也很容易。

● 化妆刷的种类

多数人会觉得平时化妆的时间太少，或者觉得自己不够专业，想学习化妆，又觉得实在太麻烦。种种原因，造成了自己享受化妆的时间越来越少了，也失去了化妆的乐趣，面对琳琅满目的化妆刷更是无从选择。那么我就介绍几款必备的化妆刷吧。

蜜粉刷

　　首先必备的就是蜜粉刷。为什么不是粉底刷呢？很多懂化妆的读者可能会觉得粉底刷很关键。但我却认为，蜜粉刷一定要有一支。

　　我们常常看到很多 20 世纪 50 年代的广告画上，美女手持蜜粉刷往脸上扑粉的画面。当然有时是那种毛茸茸粉嫩色彩的粉扑。就在那些粉尘飞扬的瞬间，女人的极致柔美也展现得淋漓尽致。

　　蜜粉刷在整套化妆刷里是比较昂贵的，我当时设计制作我们品牌的化妆刷时，选择了顶级进口灰鼠毛制作蜜粉刷，这是出于自己对产品品质的一种苛求。事实证明，苛求得到了更多的回报。刷子确实非常好用，非常受欢迎。

　　不过，后来在设计我们品牌 30 支专业化妆师彩妆刷具的时候，我们还是选择了市面上普遍使用的山羊毛。

好刷标准　刷毛质地松软，细密，刷头形状浑圆且中间突出，能够均匀沾上散粉。具备以上特点的蜜粉刷就是好的蜜粉刷。如果刷具的毛质很硬很扎人，就会对皮肤产生刺激，甚至造成皮肤敏感。

粉刷作用　蜜粉刷可以使粉妆具有丝绸般的质感，妆面也会更干净，更持久。这一步通常是打底后定妆时的步骤。

使用粉刷技巧　蘸满蜜粉之后，最好轻轻地吹一下，将多余的浮粉吹掉，这样可以避免定妆不均匀。还有就是要反复用打圈的方式进行定妆，沿着脸颊以顺时针或逆时针的方向画圈。这样蜜粉会扫得更均匀，也更服帖。

无畏山高水长，许你一世容光

蜜粉刷既可以扫散粉定妆，又可以扫粉饼定妆。上图的这款采用顶级进口灰鼠毛的蜜粉刷，应该是比较奢侈的了。不过后来这款蜜粉刷选用柔软的纤维也非常好用，随身携带非常方便。

粉底刷

接下来介绍一下粉底刷。虽然打粉底可以用手指或者海绵粉扑，但是如果习惯了使用粉底刷，就会知道它有多么好用了。

一般粉底刷都是采用纤维材料制作，因为粉底刷要经常清洗以保证卫生。不论是液体粉底还是霜状或者膏状的粉底，都可以使用粉底刷来上妆。

粉底刷上妆注意：

1 先少量蘸取粉底，上一层薄薄的底妆。

2 在肤色不均匀的地方着重反复涂抹、按压。

3 用粉底刷上完粉底，也还是需要用粉扑补充按压的。这样妆会很持久。

注意：很多人比较容易脱妆，却一直找不到原因，以为是粉底选错了，其实是因为没有用粉扑按压。

眼影刷

一般情况下，最少应该有两支不同的眼影刷，刷头大小不同，使用的面积也不同。

有人用手指涂眼影，也有人喜欢用海绵棒来涂抹眼影，其实最好用的还是眼影刷。

毛刷沾取眼影粉会很均匀，加上动物毛本身的弹性，会使眼影粉更容易上色。

眼影刷一般不用天天清洗，把大小两支刷子分出深浅两色即可。

刷浅色眼影 浅色眼影一般是打底，适合较大面积地晕染，所以，需要比较大的刷头完成。

刷深色眼影 深色的眼影，一般用小刷头的刷子来完成，在对比较小的面积加重颜色时使用。

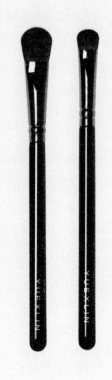

TIPS

想要一些更细的线条时，可以将刷头侧立起来。

唇刷

唇刷可以精确勾勒唇形，使双唇色彩饱满均匀，唇妆更为持久。

很多人都会用唇膏直接上色，或者用唇彩直接涂抹。极少人在为自己化妆的时候使用唇刷。但我还是要在这里介绍一下。因为有时如果需要画出线条非常流畅的饱满的唇形，唇刷还是非常必要的。

目前，唇刷应用得比较多的有两种：一种是便于画出干净利落线条的方头刷，另一种是适用于画出圆润线条的圆头刷。

日常化妆，我们只选择一种就好。

TIPS

通常唇刷的刷毛不会特别软，因为太软的刷毛弹性和力度不够，不便蘸取唇膏。

腮红刷

腮红刷可以刷出自然弧度的腮红，晕染阴影，完美凸显面部轮廓。

有时候，一支刷子既可以当蜜粉刷又可以当腮红刷。当然，这种一物两用的做法，往往是在精减自己化妆包的时候才用。最好不要一物两用，要让每个刷子各有分工。

腮红刷是刷头相对于蜜粉刷稍微小一点儿的圆形刷，腮红刷有时也常被一些品牌设计成白色或者浅淡的粉色，这样更加能够与其他粉刷区分开来。

我个人会在感觉气色不太好的时候为自己刷一点儿腮红，这样可以很快营造出一脸的好气色。

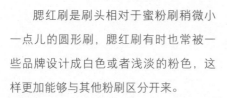

眉刷

眉刷配合眉粉，能画出相当自然的眉形，相较于眉笔更易控制力度和浓淡。

一直有人和我说不会用眉笔画眉形，那么，眉刷就是非常必要的了。眉刷通常质感较硬，这样更能刷出清晰的线条。

一般我们蘸上眉粉后，先从眉毛的下面开始，在接近眉毛的中后段的位置，向后扫出眉形，不太需要蘸太多眉粉，反复把眉粉刷匀即可。

眉刷很适合化妆不太熟练的朋友，因为操作比眉笔更简单。特别是在眉头的过渡位置，眉刷扫出的形状和颜色更自然。

工欲善其事，必先利其器。好的工具就好像是军人的装备。

当然，为了皮肤清洁，清洗刷具也非常重要。

直接把刷子丢到水里浸泡，很容易使刷具的毛头粘胶脱落。

正确的方法是定期用专业的洗刷水来清洗。

当然其他的小工具也要经常消毒和清洗，比如海绵粉扑，也是要经常更换或者清洗的。

其实我们国家的女性开始接受化妆比较晚，也比较含蓄，在欧美国家化妆就是日常生活的一部分，几乎每位适龄女性都有一套甚至几套化妆刷。

化妆刷也是有使用周期的，质量较好的2—3年更新部分刷子，质量不好的可能半年就要全部换新了。

为什么这么着重介绍化妆刷呢，不光是因为这是必备工具，更重要的是美是一种认同自我的态度。

专业洗刷水

美是一种认同自我的态度

我打造的第一家 LIN·MAKEUP 生活化妆造型连锁店在上海落户。我非常清晰地记得我和我的合作伙伴在讨论工作时，说开店的目的是想要大众为改变形象而愿意主动尝试，不是教会他们化妆，而是让大家意识到形象美的重要性。让更多人改变过去，开始选择更适合自己的妆容和造型，是我们的责任。不论是哪种形式，我内心深处最想要看到的是通过我们的努力能换来社会各界对化妆造型师这个职业更多的了解与尊重，愿我们能承担起这份责任。

这个观点令当时在场的朋友很惊讶，因为以惯性思维来说，我做了专业化妆教育这么多年，难道不是更想教会很多人化妆吗？

确实，我不那么想。真正能达到专业化妆师一样的化妆水准，需要很长的时间，而且这个社会并不需要那么多专业的造型师，需要的是让更多人参与到这场美丽的运动中。如果所有人连最初的起心动念都没有，又谈何让每个人都打理好自己的形象呢？

我希望有一天，整个社会的形象管理理念都能得到普遍提升。圣贤是少数，我们都是凡夫俗子，但凡人也可以有使命，使命无关大小，只要真诚利他。

对于事业，目标很远，要长情，用心热爱，尽情享受。

我们还推出"0"概念城市免费化妆间的项目，这个项目旨在满足那些工作忙碌、时间紧迫的人的需求，让她们在我们的自助化妆间完成自己想要的妆容。

　　那些已经可以自己打理妆容和做造型的人，可以在化妆间里零花费自行完成妆容和造型。

　　可以说，这是我的一个梦想，现在也开始呈现给大家了。

　　对于生活、事业、爱，我一直都没有特别地执着偏重于其中的哪一种，而是把自己对生活、事业的爱都融入我现在的每一天。我始终认为怀有一颗单纯的心，就可以找到梦想的光亮。

成就素颜美

裸妆的极简主义

打快车很有意思，快车司机可以对乘客给予评价。曾有一次我打快车，那天我绝对是化了妆，而且化得比较精细，底妆、眼妆，连睫毛都仔细地修饰了一下，只是没涂口红。然后那个司机给我的评价是：素颜美女。

我哑然失笑，还拿这事当例子给我的学生讲，通过其他人的眼睛，看到素颜该是什么标准。当然，这是那位司机的评判标准，我想可能这也是大部分直男的评判标准。直男认为你只要没涂口红就是没化妆，或者涂了口红就是化了浓妆，至于口红颜色有什么差异，则完全看不出来。

可能对于素颜的理解，不同的人是不一样的。

女生理解的素颜，就是真的没有化妆——那是坚决不能出门的，明星是绝对不会让你在他们素颜的时候来拍照的。一些明星有时候会发一个素颜照，但大多不是真正的素颜，都是化妆师精心设计的伪素颜，就是那种精致的裸妆。

《来自星星的你》里面有一个桥段：早晨，全智贤在家里让化妆师化了半天，假装推着自行车从家里出来。然后，一群媒体记者拥过来，"咔嚓咔嚓"拍照，根本没有发现她是精心打扮过的，都以为拍到了她最自然的生活状态，这个片段我记忆非常深刻。

有一次给话剧《哈姆雷特》宣传海报做化妆造型，男主角是胡军老师，主演还有濮存昕老师等，女主角是卢芳老师，也就是胡军老师的太太。那天我给卢芳姐化的就是一种很干净、很自然的裸妆。她很率真可爱，等我给她化完妆后就赶紧把她的化妆师叫来了，说："你快跟晓琳姐学一学，怎么做到把我化得自然还这么好看的！"张叔平前辈是这场话剧的美指，我能理解张老师需要体现的那种人物特点，妆容完成后必须看不出太多痕迹。

这里说的就是要"克制"，有时候不能用力过猛——这也是极简主义美学在化妆上的活用。

我化过的一个最快的妆，是从机场接到对方，然后到活动现场她的妆容已经完成。那次是为香港演员毛舜筠化妆，是一场国际电影节活动。她比较瘦小，气场却很大，但那天经过几小时的飞行，肤色稍显暗淡。那天我的化妆时间只有从机场到活动现场这段路程的时间。按她的气质，妆越淡雅越好，我先给她调整好肤色，让气色明亮一点儿，然后把眉毛稍微勾出一点儿棱角，符合她的短发发型以及她立体的脸部轮廓，然后略微涂了自然色系眼影以及口红，在车上非常颠簸的情况下又帮她打理了一下头发。下车的时候，她已经是光鲜靓丽了。

其实我给大部分艺人化妆都不可能这么快，那是最快的一次了。现在想想，那个妆容就是素颜裸妆。

裸妆就是伪素颜，但是很多人都喜欢这样的妆容，因为自然的妆容更能展示一个人天生的美感。

从专业角度来说，裸妆难化，因为你必须化得没有痕迹。而且，时尚化妆的审美观念里一直有这么一条原则：越自然越高级。

经常给品牌做秀场的一些化妆造型工作，这是我职业工作范围的一部分。我经常跟学生讲，客户请你去化妆，不是要给模特化很久、用很多彩妆材料，在必要的时候，可能你选择"不化妆"就是你的一种化妆。

当然，我也不反对个人审美视角下的各种妆容选择，哪怕是浓烈的艳妆，夸张奇异的造型——关于美的样子，应该是允许每个人来定义的。

一笔惊艳东方美

我曾经有一个作品，是我作品里到目前为止化妆最少的——只给模特脸上画了一笔，连粉底都没打。那张片子是我最满意的作品之一。而她后来被请去欧美走了很多大牌服装的发布秀，很多时候也是因为品牌商面试模特时看到了她那张妆容痕迹很少、凸显东方美的片子。

那一次是拍一个珠宝品牌宣传片，当时模特的妆都化好了，就差戴上珠宝了。珠宝是非常中式风格的，镶了天然宝石、绿松石、翡翠、玛瑙。模特戴上珠宝时，整个造型热闹无比，让我觉得特别别扭。因为东方美特别看重自然和恬淡，也讲究留白之美。我觉得这些天然宝石，本身取自大自然，你如果用非常厚重的粉底或者太多的颜色，放到模特身上去衬托这些天然的东西，就会有点儿喧宾夺主。珠宝大片是要表达人跟珠宝合为一体的，你不能通过化妆把模特自身的东西都给遮住了，模特自身的气质与珠宝的设计要浑然一体，不然这个化妆就没有意义。

我讲课也经常会讲到一个理念：很多人最开始学化妆的时候，认为一定要浓墨重彩才叫化妆，但是"舍弃"却是很少有人能做得到的。当你确定自己想要的东西，砍掉那些跟你想要的无关的东西之后，最后剩下的才是最重要、最能表现主题的东西，那些很花哨的装点是没有真正的核心意义的。

所以，当时我就跟摄影师说，模特这妆不对，我想要重新来给她化。

我就化了一笔——给模特的一只眼的眼尾画一条眼线，另一边眼睛连一点眼线都不画。换一种珠宝，我就换一种相应的颜色在脸部做一个重点突出。那条眼线化得像书法中一"捺"的样子。不打粉底，不画眉毛，不涂口红，任何其他部分都没上妆。

美丽私语

　　其实我最擅长的不是人物形象设计，而是如何运用时尚创意造型设计为品牌在对外进行视觉传达时赋予一定的能量。很多时尚品牌会找我做造型设计，就是因为我能理解品牌想要传递的某种品牌精神，或者传达它的某些设计理念。

　　我的化妆造型作品风格很多变，我也很享受这种不断创新、不断探索的工作状态。

　　你应该享受化妆的快乐，化妆代表着创新，代表着变化。我们公司 LIN MAKEUP 的 Slogan 就是"创造美的一切可能"，我们认为创造美是快乐的。

　　那是我化得最少的一个妆。我认为那种情况下，什么妆面都是多余的，而要有中国美学的留白和禅意的东西、干净纯粹的东西在里面。

　　关于中国式美丽，我竟然找不到一句话可以概括。如果非要用一句话表达，我想，就是简洁而有力量。

　　我深知创意的生活对自己有多重要，如同我生命的养分，经由化妆造型的表达，在传授他人的过程中寻找自己生命的价值。

美，
存在于每一个人的身上，
一千个人的眼中
有一千种美。

场合机变：
美得刚刚好

CHAPTER
04

造型是一种礼仪

很多人会问：是不是明星的妆都很难化？因为作为公众人物，他们会有很高的标准。

"高标准"肯定是有一定难度的，但难的不是他们的要求，而是我的工作要符合对方工作的需求：

新闻媒体发布会：那就要尊重发布会的需要，一般情况下，都会选择比较自然的造型，不要太过张扬。

参加盛大的典礼或者走红毯，
接受颁奖等：就要用上相对
隆重的妆容、造型。

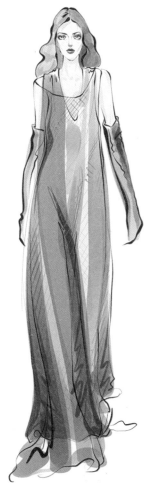

拍摄时尚杂志所用图片：就
要尝试做一些大胆的突破，
同时保留个性本色。

广告拍摄： 就需要展现最真实、自信及美好的一面，并注重每一个细节。

演唱会： 就要考虑到现场灯光效果，整体造型要有强烈的舞台存在感。

婚礼造型：我会把他们温婉幸福
的一面表现出来。

化妆造型也要遵循一种礼仪规
范，比如说今天这个活动是需要穿
礼服走红毯的，你就不能穿牛仔裤；
但如果要求是穿正装，那你西装配
牛仔裤就是没有问题的。

● 那10秒的尴尬

记得是2006年左右，我那时候还没有自己开公司，还在一所学校做教务主管。当时我们去参加了一个服装品牌的VIP高端客户活动。因为当时来的人都是张朝阳、潘石屹这些社会名流，老板当时要求所有来宾必须穿得非常隆重，男士西装，女士必须是礼服裙子。

因为我觉得自己是个工作人员，也没有什么重要任务，所以我就穿了一条牛仔裤，搭了一件更为随意的上衣。

我记得特别特别清楚，那个老板在一群保安前呼后拥之下出场，经过我面前的时候，两只眼睛死死盯住我腿上的牛仔裤，最少有10秒钟。

他大概在想：这个人是谁，谁请来的？为什么要跟我对着干？

那个活动特别重要，所有人的穿着都是西式的，很庄重那种，只有我穿了条牛仔裤——还是有破洞的，膝盖上左右两条横缝。

当时他眉头紧锁，别人跟他讲话他都不听了，就盯着我的露膝牛仔裤。然后我就那么站在那里不敢动，心想：完了完了，穿错衣服了。

我真的不是故意顶风作案，只是觉得自己是个工作人员，可以不按要求穿。其实这是一个错误的想法。如果你接到一个活动的邀请，上面有着装要求的话，一定要正确着装，不要失礼，这对别人也是一种尊重。

当然，后来我和那个老板成了很好的朋友。后来我笑着问他这件事时，他摇摇头说不记得了。

● 考虑场合，着装得体

这10秒的注目，让我以后在接到一些活动的邀请时，都会特别注意上面写的着装要求，一定让自己把得体放在首位。

如果人家就是一个轻松的活动，你就不要穿得太隆重。如若不然，好像你要去抢风头，要故意闪亮登场，而且，这个时候所有人盯着你的时间，肯定会超过 10 秒。

如果要经常出入一些比较庄重的场合，我建议女生们都备一条小黑裙，一双高跟鞋——三五厘米的小高跟就可以了。这样的话，基本上去哪种隆重的活动，都不会出错。

除了着装得体之外，你还要考虑到现场的灯光问题。这个也是受邀参加活动时需要注意的重要事项。

如果是室内活动，会打着各种光线，这种场合你的妆面上可以有一些亮晶晶的东西，让自己看上去更好看。

如果是一个户外的活动，你脸上就一点儿珠光都不能用，因为户外的光线打在珠光上，会显得脸上凹凸不平。你有再好的皮肤，都有可能看上去皮肤不好。

不同场合的妆容变换

● 亲和明媚：约会妆

二八年华，青春正好。每每看着大街上春风般美好的小姑娘，我都会想起自己的 17 岁。哈，17 岁的我有那么多不自信和担忧。如果再回到那个时候，我还会那么忐忑于自己的诸般不完美吗？

会的。为外形纠结忐忑，这是青春记忆中的一张特殊标签。

如果恰逢要和心仪的男神约会，那就不是简单的忐忑了。想必处于这个年龄段和已经走过这段岁月的人，都会有所体悟。即便是跟着我学化妆的业内人士——我的学生，也会出现这样的情况。

"岳老师，告诉我，该怎么穿？怎么化妆？在线等！"

1 了解约会的地点。我觉得无论是哪一种妆，跟场合、环境都是有很大关系的。

2 如果你是夜晚的约会，那你的妆面就可以稍微浓艳一点儿。在灯光下，齿白唇红，面若桃花，肯定没错。

3 如果你是白天和男生见面，我建议你把妆面处理得自然一些——如果是喝下午茶，那就更要轻松一些，千万不要让穿着、化妆显得太过隆重了。

如果非要给出一点建议，那我会建议你化个不失礼貌的淡妆，然后穿裸色系的衣裙——你会被淹没在热闹的活动里，这样反正是不会出错的。

把该晚上穿的衣服放在白天穿，然后把晚上适合化的妆在白天化，都不合适，是吧？

如果是初次约会，那就更应该表现得有亲和力一些、自然一些。因为第一印象是如此重要，见过第一次面之后，你永远没有办法让别人给你第二次打分。

第一次的样子会特别深入人心，在第一次约会时无论造型还是装束，都应该倾向于自然、轻松一点儿。当然，夜晚约会的话，可以稍微明媚一点儿。

● 不抢风头：伴娘妆

婚礼的必备辅助角色是伴娘。如果你被邀请去给闺密当伴娘，一般婚礼会给伴娘准备伴娘服，所以你可以不必为服装发愁，只需要注意妆容就可以了。

如果有专业化妆师，你也不必为这个事情烦恼，但是，如果是自己化妆的话，记住不要抢新娘的风头。

如果你不是伴娘的话，可以穿得简洁一点儿，切记不要穿红色，不要穿类似于婚纱、小礼服的衣服，这样容易让人误解你是来抢风头的，也是一种失礼的着装。

我见过一个女生就特别逗，穿了红色的衣服去参加朋友的婚礼。这对新人一直在外地工作，很少回家，所以除了特别亲近的亲属，基本都不太认识新娘。有些远亲来道贺的时候，真的有人误以为她就是新娘，出现了不少尴尬的情况。

如果参加婚礼，最重要、最礼貌的就是要衬托一下你的闺密新娘。那天你只要自然点儿、大方点儿就行了。

有的人开玩笑说，是不是结婚的时候要找比自己丑的伴娘？其实不是这样，但大家都会心照不宣，一定会尽力衬托新娘的美。

● 达成梦想：新娘妆

如果要给那些即将结婚的人来说造型、妆容的话，首先要强调的就是确定自己心中的婚礼是什么样子的。

我遇到过好多人，她们会受别人的影响，觉得婚礼应该做成像谁谁婚礼的样子。

我觉得一生一次的终身大事，一定不要受他人的影响，必须回忆自己最初梦中婚礼的样子，照着那个样子呈现出来就可以了。

不要为了华丽，为了奢华，改变初衷去做无谓的效仿——过后你是要后悔的。我接触过太多太多这样的事例了，不知道有多少个新娘被我送到婚礼的殿堂。每一个新娘，我都会鼓励她们去找自己梦中婚礼的样子。胡可和沙溢的婚纱照，是我负责化的妆；还有《甄嬛传》里演槿汐姑姑的孙茜，婚纱照妆、婚礼妆也是我给她化的。

我觉得孙茜婚礼是最典型的。她拍婚纱照的时候，我给她做了好几款造型，都挺漂亮的，而且风格都不一样。结婚当天，我提前给她试了几个造型，她觉得都可以。

但是在结婚的当天，她改变主意了。她说她跟先生有个浪漫的约定：

为他留长发，留到长发及腰，两个人就携手相伴一生。

她很笃定地告诉我说，希望在婚礼上能将头发放下来。

因为她头发虽然长，但当初我给她设计的造型都是头发要盘上去的，不过，既然她提出这个要求，我自然很开心地满足她了——上面盘了一小部分，下面垂下来。

她在婚礼的舞台上还放了一个旋转木马，一切都是按照他们当初梦中婚礼的样子去做的。她和先生经过了长达七年的爱情长跑，这个故事本身就很感人，现场的布置和新人的造型都充满了故事感，让人感动不已。

所以在婚礼的操办过程中，闺密说、伴娘说、妈妈说……都不要听，就办成自己梦想中婚礼的那个样子，肯定不会后悔。

有一次我遇到一个"皇后妈妈"，说要让她的女儿在婚礼上像公主一样。

我和她半开玩笑地说："那你能告诉我是哪位公主吗？"

对设计师来说，她这样的建议，其实是很可怕的，古今中外，有那么多公主存在过，你至少告诉我你要让女儿做哪一位公主吧？

结果那个妈妈就愣在了那里——她也实在不知道最终要什么样的结果。还好，我和新娘沟通了一下，终于让她说出了自己潜意识里的构想。

结果当然是非常完美的。所以，姑娘们，人生最美的婚礼，就让你们自己做回主吧！

◆ 大方得体：商务妆

我觉得商务妆可以很简洁地总结为：大方得体，干净清爽。

对职场人士来说，妆容上不要用太多浓艳的颜色，着装也应尽量干练一些，而且不要穿得太暴露。身上佩戴的饰品也要恰到好处，适当有个点缀就行了，颜色最好少一些。

我曾经帮一个女企业家做竞标活动的着装和妆容设计。那次她要去的是一个典型的商务场合，而且是 IT 行业的一次盛会，招标会上的来宾大部分都是男性，马云当时就在场。出席这么重要的场合，她很慎重，就问我打造成哪种造型感觉会更好。

我觉得现场有这么多男性，只有她一名女性，这还是很占优势的，所以我让她穿了一身千鸟格的套装，脖子上给她扎了一个小小的橙色丝巾。这样除了显得素雅干练之外，也让她在头部这个位置上有个亮点。这身着装算是突破她以往的形象了，严谨的元素有了，亮点也有了。

虽说商务装应该特别严肃，但风格选择也得视角色而定。

陪同人员着装

如果你只是一个陪同人员，不是重要人物，你当然要穿戴得特别素，特别寡淡，不引人注目才行。这一点挺重要的。

一般比较有严谨感的职场着装搭配有：

深蓝色套装、套裙；

小西装、长裤；

豪华小西装配长度到膝盖以下的裙子。

身为陪同人员，你选择以上搭配，会看着很干练，而且别人好识别身份，一看你就是助理或者文书之类的人员。

主要人物着装

　　如果你是一个领导，那你就得注意一些，身上一定要有些亮点。但不要佩戴一些明晃晃的配饰，这种就显得不正式了。特别显眼的大 logo 也不可以有，比如说大的 Gucci、LV 的 logo，这些都是要稍微收敛一点儿的。我一直建议要有一些低调的奢华。

　　服装　选择那些看着有品质的品牌，但是上面又没有特别明显的 logo。比如在服饰方面，第一是对服装面料有一些要求，一定要用上好的材质，这样坐下也不会有褶皱；第二是搭配的色彩，要简洁、干练一些，比如说全身就一种或者两种颜色，黑白灰、深蓝，这些是常用色。

　　头发　无论是男性还是女性，头发要清清爽爽的，一定要干净，这是很重要的。配饰的话，可以戴一些首饰，但一定要保证首饰款式简约大气，材质可以是珍珠类的或者铂金类的，再加上好看的包包、眼镜之类，就可以了。

　　笔记本、签字笔　这些小物品也是代表着品位的东西，也要注意它们的档次。

不能没有的卸妆

我周围有这样一些朋友，她们是聚会达人，每逢周末必然组织或是忙于各种聚会应酬，自然都需要化妆。

她们钟爱化妆，但又苦恼于化妆，因为热闹了一天回到家里，只想立即躺下休息，但还有一件不得不面对的事情——卸妆。这个时候，从"葛优瘫"的沙发上到化妆间洗脸盆的距离，就显得无比遥远。

卸妆成了每个女人的一场劫难。

其实卸妆问题也是导致大多数女性朋友不喜欢化妆的重要原因。不是不想变美，而是怕麻烦。

我想说的是，为什么不能把卸妆当作一种慢慢享受生活的过程呢？

每天工作结束回到家，我最爱做的事情就是卸妆。

卸妆的整个过程舒心自然，算是犒劳辛苦工作了一天的自己。如果还可以敷个面膜就更完美了，让皮肤带妆一整天之后得到放松，也是犒劳自己的一种方式。

当然每个人的肌质不尽相同，卸妆用的产品也一定是不同的。

干性皮肤 一定要用温和补水的卸妆品。

油性皮肤 一定要使用深层卸妆产品，需要配合按摩才能彻底清洁毛孔里的残存化妆品。

敏感性皮肤 不要使用泡沫丰富的卸妆产品，可以选择乳状的卸妆产品。因为泡沫性质的卸妆品去污力一般都比较强烈，容易刺激到敏感皮肤。

如果妆卸得不够好，常会引起皮肤干燥、毛孔堵塞、长痘痘，甚至还有可能会因为彩妆品引起色素沉着。

TIPS

乳状的卸妆品比较温和，配合按摩的方式，卸妆效果更好。把妆卸干净，皮肤才会呈现最佳状态，也更容易吸收护肤保养品。

1　用两片卸妆棉蘸满温和的卸妆水。

2　将棉片轻敷在眼部，然后慢慢揉擦眼妆，感觉眼妆基本卸净时，将棉片翻转过来揉擦整个面部。

3　再拿一片棉片，倒上卸妆水，再擦一遍全脸，看着彩妆卸掉之后的皮肤裸露出本来的质感和光泽，是一件让人非常愉快的事情。越发感觉皮肤像焕然新生一般，通透极了。

4　用温和的卸妆乳再次清洁皮肤。

5　清水冲洗，进行夜间护肤的程序。

岳晓琳卸妆秘籍

在这里向大家推荐一下适用于不同皮肤和部位的卸妆产品。

1. 卸妆油　　　　　2. 卸妆膏　　　　　3. 洁面乳

4. 水油分离的卸妆水　5. 保湿型卸妆液　　6. 洁面皂

我个人最爱用的是温和的保湿型卸妆液，很多品牌都有保湿型，我一直在用的是贝德玛卸妆水中保湿的那款。

当然我还用过一些韩国的卸妆膏，但原理都和卸妆油很像，得先把脸上的妆揉花了再抹掉。这个过程还是有点儿难看的，尤其是在脸上妆比较浓的时候，所以我会单独先卸除眼妆。

另外，根据自己的肤质选择适合的卸妆用品，也很重要。

敏感的皮肤最好不要用膏状的或者油性的卸妆产品，因为可能会在清洗不彻底的时候引起皮肤问题。

无论产品本身品质或者宣传有多好，我们都不要以为只有一款卸妆品就够了。我们应单独有一款眼唇卸妆品。这种通常是水油分离的卸妆水，用前要摇匀，能够卸除防水的睫毛膏和眼线产品。还有就是，卸完妆一定要再用洁面乳彻底清洁脸部。

市面上有多种形态的洁面产品，我建议一定要详细了解其功效再购买。

卸妆产品属于面部清洁类产品，是化妆人士每天必用的。

其他清洁类产品，如深度清洁的洁面膏、去角质的磨砂膏、配合仪器一起使用的清洁产品等，都不适合天天使用，一般每周使用一次或者两周使用一次。

洁面刷　敏感皮肤者建议不要用电动的洁面刷，因为皮肤太薄，外界刺激很容易引起皮肤敏感。如果用也不建议使用时间太久，快速洁面后就停用，避免皮肤受到过多刺激。

卸妆棉　面巾一定要选择纯棉的，我现在基本用纯棉的面巾取代了传统的毛巾，还有就是擦干脸上的水时千万不要用力，轻轻吸干多余的水分就好。

卸妆后最重要的是不能让皮肤水分流失，所以要及时用化妆水或者天然保湿喷雾来补充水分，再进行下一步护肤步骤。

眼部卸完妆还可以滴一下润眼液，尤其平时戴美瞳的人，这时要好好地清洁一下眼睛，因为卸妆时会有少量残余化妆品进入眼部。虽然不至于马上引起不好的症状，但时间一长，这种伤害也不能忽视。即使不戴美瞳的朋友也最好养成这个习惯。

卸妆后的护肤过程我不做过多阐述了，因为大家可能想不到，我的皮肤太过敏感，各奢侈品牌的面霜也都用过，而最爱用的护肤品却是维生素 E 乳。

当然，这不是劝大家也不选择大牌产品。我认为，无论用什么，适合自己的最重要。

另外，对所有人来说，皮肤的保湿最重要，适度使用补水面膜以及天然水喷雾等都是不错的。所以卸妆后，来一片面膜或者用水喷雾多喷几次，身心都会倍感舒服。

因为不愿意花费时间卸妆而不化妆的人很多，我在这里写下这些，主要是想和大家分享卸妆的乐趣。

有时把自己的妆卸掉一半，然后左右脸对比，也是很有趣的。我们常常会在网上看到一些美妆达人卸妆的视频，我也曾和网友分享我卸妆后的素颜照，然后大家惊呼化妆真的好神奇。

呵护自己的皮肤未必要使用很多大牌产品，而是要注意养成良好的习惯，如果能养成好的卸妆习惯，你也会更加爱上化妆。

YUEXLIN 双效卸妆水

甜美笑容是最好的妆容

我曾给演员唐艺昕化过很长一段时间的妆，她是一个特别爱笑的美丽女孩。

她的笑容特别甜，就是那种适合妆面特别特别淡的人，你需要给她化的地方特别少，因为她本来就长得很漂亮，皮肤特别好，所以，对我来说，如何处理她的头发很重要。至于她的妆面我觉得要越简单越好。有一次她参加广告拍摄活动，那个时候她是短发，我把她头发稍微梳梳，弄得利落一点儿，然后再穿上一件粉色的 A 形裙礼服，即使是特别淡的妆面，气场也会随之改变。

当时给她做的造型，我无非是针对她的个人特点进行了简单的修饰，就达到了近乎完美的效果。

我认为这很大程度与她自身的气质有关。有人说，爱笑的女孩运气不会太差，我觉得爱笑的女孩都不会暗淡太久，她们的笑容是星星，是让妆容提升到另一个高度的最佳秘密武器。

一旦有了笑容这个"必杀技"，服装和发型的变化会让气质改变得更明显一些。每当我遇到爱笑的女孩时，我都会被她们的气质打动——甜美笑容是最好的妆容。

我常和学生说，一个笑容很美的人，妆容只是起辅助作用的，不要用化妆掩藏了她的美。如果你的化妆不适合，她无法自信地笑出来，妆容再精致也是错误的化妆。

口红的美丽与优雅

从中世纪就开始了，

当时女人们用柠檬

去加速嘴唇血液循环，

使嘴唇变成血红色。

口红的
唇语秘密

CHAPTER
05

我记得第一次去韩国，非常惊讶地看到韩国街头有很多五六十岁的阿姨在发传单。她们都化着精致的妆，涂着颜色显眼的口红。

她们脸上已经有细纹了，头发也有点儿白了。但是，头发烫着卷，梳得很整齐，嘴上涂着鲜艳的口红。这让人印象深刻。

对于妆化得好不好，形状对不对，很多美妆教程都会教大家，比如唇峰在哪里之类的。我觉得，日常化妆时只要把唇部的颜色提上去了，口红的效果就达到了。当然，如果你化得很有型，轮廓很棒，又注意层次变化，颜色均匀，那就更好了。

对明星艺人来说，她们的唇妆大多要根据工作要求来。在生活中，她们反而以润唇膏为主，很少为什么新颜色的口红而疯狂。

而化妆师看到新颜色口红，就要疯狂买。像我每次出差，在机场看到新颜色就会忍不住买。虽然自己一点儿都不缺口红，但是新颜色就是能激发人购买的欲望。

一个女人，一支口红

一支口红对一个女人来说，到底有多么重要？

"没有口红的人生和咸鱼有什么区别。"

"没涂口红都不好意思出门。"

"又看中了一款新口红，看来这个月可能要吃土。"

……

口红是化妆必备的基础单品，即使眼影眼线没怎么化，只要涂个口红，整个人的精神面貌立刻就不一样了。

哪怕我平常面容憔悴不堪，只要涂上那一抹明亮的色彩，马上就焕发光彩，迸发出活力。

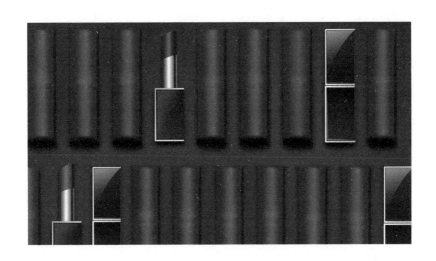

TIPS

仔仔细细涂口红的人，不会允许自己头发是油的，衣服是皱的，也不会允许自己的背是驼的，表情是木讷的。

无畏山高水长，许你一世荣光

口红对一个女人来说，究竟意味着什么呢？

民国时期女作家张爱玲小时候就非常喜欢口红，投稿得到的第一笔稿费，她就跑去换了一支口红。口红一涂就涂了几十年，后人在整理她留下的遗物时，除了手稿和假发，就是口红。用《流苏与安娜》里的话来说："写作是安慰内心，假发是抵抗岁月，口红则是展现给世界的一抹亮色。"

电影《北京遇上西雅图2》里，汤唯饰演的女主角，也算是尝遍冷暖。去工作时，扎起马尾，一定会涂最亮的大红色。那是她不服输的保护色，"当我红唇微翘地站在你面前，你就要小心了，我的战斗力就快爆表了"。

<u>香奈儿女士："心情不好的时候，就再涂一层口红然后出击吧。"</u>

无疑，对女人来说，口红已经不是一个化妆单品那么简单，更像是女人的一个武器。

化妆无疑也具备了这样一种攻击力，当然这句话并不是让你具有攻击性，更多的是对自我的一种暗示。我很美，我依然那么美，我就是这样的美，这些都是让自己自信的潜台词。

玛丽莲·梦露："口红就像时装，它使女人成为真正的女人。"

我记得我十几岁第一次接触化妆品的时候，是我的姑姑给了我一支变色口红，涂上去会变色，让唇色看起来比较红艳。涂完之后，我立刻感觉自己长大了，好像真的有一种神奇的力量，它告诉我，从现在起你就是一个大人了。

我的彩妆品牌的第一个单品就是经典系列雾面口红。我为什么推出这种雾面亚光的？因为涂抹雾面口红时，颜色很容易达到饱和，而且涂薄一点儿和涂厚一点儿的效果都不一样，更容易塑造多种风格。

伊丽莎白·泰勒说："给自己倒杯酒，再抹点儿口红，你就重新活过来了。"我们常在电影中看到这样的桥段：一个失意的女人会对着镜子慢慢描画口红。导演是在用这种场景渲染人物情绪。

涂口红对女人来说有时是一个情绪的出口。

当然，就我们的妆容而言，涂抹口红相比其他的环节来说，是不太需要很多技巧的，但是涂上口红，对一个人的气色以及精神状态的提升，效果却是立竿见影的。

不过，我还是要和大家说说怎么选对口红。因为确实每种色彩所诠释的风格、表达的信息是不同的，而不同的涂法也会有很大的风格差异。

口红颜色，你选对了吗？

口红有很多种颜色和质感。选择颜色时最重要的是要与妆容风格搭配起来，当然也要能衬得肤色好。

● 根据质地选择

选口红不用像选粉底那样严谨。有时候，你就是简单地选择一个你喜欢的色彩，也能够达到很好的妆效，因为没有什么能比你自信的气质更美了。

不过，口红的质感确实是非常重要的。

切记：油光过多的口红，我不太建议选择，因为油光过多的口红容易涂不匀，也容易显得较为廉价，尤其深红色的口红。

雾面 质感比较经典，也最容易凸显色彩品质。

滋润型 通常有些许油润，涂在唇上会增加双唇的亮度，也会使唇形看起来更为饱满。

> 每个人至少应有一支大红色的口红，还要有一支能显示健康气色的裸粉色口红，抑或是同色唇彩、唇釉。这两种颜色是必备的。

至于珠光口红，这种口红对欧美妆来说很适合，对于亚洲人的生活美妆，还是不太适合，会显得不那么自然。

除了唇膏以外，唇部产品还有唇彩、唇釉等产品。这些和口红的功效也是一样的，只是包装和形式不同，而且有质感的也很多，颜色也很多，选择适合的就好。

● 根据场合选择

不同的场合，需要选择不一样的口红。

参加正式会议时：最好选择看上去显得成熟稳重的颜色。要尽量避免使用有光泽的口红，可以选雾面效果的，以免给别人留下轻佻的印象。

出门逛街时：可以选用暖色的口红，适合外出游玩的轻松氛围。

参加晚会派对时：可以根据自己的服装选择大红、复古风、桃红等颜色的口红。

口红一涂上去，整个人的气质就变了，这在我的职业生涯中是常见的事，造型师存在的意义就是让一个人变成另一个人。

如果你想寻找不同场合的颜色，可以先上一个自然色，然后再上一个夸张色，对比一下自己气场的变化。

教育工作者大概会需要稍微淡一点儿的颜色，比如豆沙色。即使颜色很浅，涂上之后气质也是不一样的，气色也绝对不一样。

TIPS

唇形轮廓的变化也可以达成效果。比如，一个人的唇比较薄的话，可以多尝试一下化饱满唇妆，会给人不同的感觉。

● **根据肤色选择**

唇妆是化妆当中最容易改变气场的部分。

皮肤偏暗的人：比较适合暖色系中偏暗的红色，如褐红、梅红、深咖等颜色的口红。不适合浅色的口红，因为浅色的口红会让本就不白的皮肤显得更为暗淡。

皮肤白皙的人：比较适合选择冷色系的口红，如紫红、玫红、桃红等颜色，配合白皙的皮肤，可以让整个人看起来都充满活力。

除此之外，一些暖色系比如肉桂色、淡橘色的口红，适合大多数肤色的人。

● **根据气质选择**

妆容艳丽型：可以选择大红、深玫红、复古紫等颜色的口红，可以让人在冷艳中又带有热情的魅力。

典雅型职场女性：可以选择玫瑰红、紫红或棕褐色的口红，给人一种成熟又知性的感觉。

清纯可爱型：以粉色系为主，粉红、粉橘、粉紫等颜色的口红，都是非常好的选择。

咬唇妆

为什么有咬唇妆呢？它的来源就是真的咬几下嘴唇，让嘴唇发红，呈现一种独特的女性美。这种美给人一种古典仕女楚楚可怜的感觉。你可以试着使劲咬两下嘴唇，嘴唇就会发红一点儿，脸色就会显得好一些。

把颜色涂在唇的中间，两边虚一点儿，这就成了咬唇妆。这样可以模拟咬过的感觉，颜色也会很自然。化了咬唇妆的嘴唇看起来立体饱满，很翘，人会显得很年轻、自然。

口红是最不挑化法的了，因为在生活中，你只要能涂口红就挺好的。

咬唇妆化妆技巧

首先，上妆前，要保证唇部有一定的滋润度，并且用润唇膏软化有死皮的地方。

其次，在上唇色前，建议使用遮瑕产品（粉底液或唇部打底膏）遮盖住原本的唇色。

再次，将口红涂抹在唇部的最内侧，抿一下双唇，将生硬的线条柔化。

最后，用手指轻轻地将颜色抹开，打造自然过渡的效果。

满唇妆

满唇妆是最突出的唇妆，可以调整唇形。

先将口红涂抹整个双唇，如果觉得如此太过突出，可以用棉签将边缘淡化、模糊化。

唇釉很适合画满唇妆。

唇釉的刷头一般都是有角度的，它的作用就像是口红的斜角，是为了方便你描画的。

对于唇釉，你会不会化，化得好不好，对不对称，形状对不对都不重要，因为口红只要颜色一出来，质感对了，它的效果就马上体现出来了。

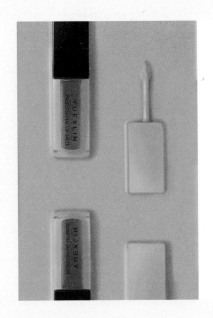

唇釉化妆技巧

使用唇釉，你可以先化下唇，接着上下唇"复印"一下，然后再拿手指把边缘晕开就可以了，这是最快的化妆办法。

当然了，如果你很擅长化唇妆，可以用唇刷勾唇形，把唇形化得饱满一点儿。

薄唇

化薄唇的技巧

稍微地把颜色往唇线处多化一些。

如果人中太短，就不能往上化，只能把唇妆化得厚一点儿，不能添加高度。

如果人中比较长，那就可以把唇峰拉高一点儿，把唇峰加高，上唇加厚，下唇也加厚。但是，对于这种处理，我们一般都很慎重，为什么呢？下唇稍加厚那么一点点，下巴可能就会显得短了，一定要知道拉高多少唇峰合适。

对大部分普通人来讲，可以化一些颜色明快的颜色，就是比较鲜艳一点的、深的颜色，涂深色唇膏就会让唇一下子显得立体，可以让别人更留意到你的唇。

如果不会用唇膏化，拿唇笔来化，比唇膏好操作，或者用唇线笔先描线，再去拿唇刷填。这样可以把唇化得稍微饱满一些。

厚唇

厚唇的话，我不建议往里化小，因为这会有种此地无银三百两的感觉。我经常跟我学生讲，千万不要把厚唇特意往里化小，不要给唇留个边儿，你这样做，只会让别人看到你掩藏嘴唇厚的缺陷。

注意：

第一，厚唇千万不能选择特别油亮的口红，珠光的也不行，可以选择雾面的，或者稍微滋润一点儿的，但颜色不能很亮。

第二，对于颜色的挑选，不要太艳丽就行，别太夸张，别太显眼。

无限山高水长，许你一世容光

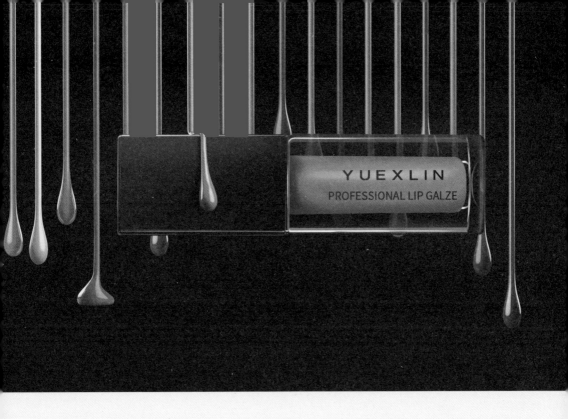

唇化小的方法

　　第一，颜色不要抢眼；第二，质感不要太油光；第三，边缘不要太清晰，就是要虚化边缘，用手指或棉签都可以。

　　其实，厚唇并不是个问题，我特别喜欢厚唇。我挑模特的三个重点：第一，头小，脸就会小；第二，眉毛一定要粗；第三，唇一定要厚。

色印

色印唇色是在做好满唇妆的基础上完成的。化好满唇妆后，准备一张纸巾，轻轻地抿一下，留在唇部的就是色印了。

这种画法很低调，而且会让妆容保持得更加持久，适合那些不想太过张扬的人。

口红效果更持久的技巧：在完成唇妆后，用散粉刷蘸取散粉，轻拍在唇部，或者拿一张薄纸巾在嘴唇上来回轻扫，然后上下唇轻抿，就会让口红不爱掉色。

注意：在购买口红的时候，一定要根据自己的肤质来选择。嘴唇容易干燥起皮的朋友，如果选择了雾面或丝绒效果的口红，可以在使用雾面口红之后再使用无色的唇彩涂一点点。因为雾面口红虽然通常颜色非常饱和亮丽，色泽均匀，但会有一点儿偏干。

唇部保养

唇妆对女人非常重要，画一个美美的唇妆，能够瞬间提升人的气色。与此同时，唇部的保养也非常重要。在这里，我简单分享一下我的护唇经验。

第一，不管是何种季节，都应该养成涂护唇膏的习惯。干燥的天气会引起脱皮，当你缺水时，嘴唇也会显得异常干燥，影响美观。所以平时要随身携带护唇膏，它既能滋润双唇，也能让嘴唇显得更亮眼。

唇膜小方

可以使用蜂蜜、橄榄油或牛奶，以 1 ：1 的比例，调成糊状敷在唇部大约 15 分钟，就可以看到双唇的变化。

润唇膏

第二，你如果经常做唇膜，就会慢慢发现双唇的娇嫩程度如同逆生长一般。

第三，不要忘了给唇部去除角质。当嘴唇出现皱纹，或者总是脱皮、干燥，就代表你该给它去角质了。

长期堆积的角质层除了令唇部外观不雅，还会让你的口红上色、显色困难。

嘴唇是非常柔软细嫩的，所以一定要采取温和的去角质方法。我一般用自制的去角质小方。

去角质小方

可以用蜂蜜调和白糖涂抹在唇部轻轻揉搓，大约半分钟之后用清水洗净；或者使用专业的唇部去角质产品，如爱丽小屋唇部磨砂膏。

注意：去除角质后，再涂抹护唇的唇油就可以了。

第四，给唇部去角质，一般情况下两三个星期做一次。

还有一点就是保持作息规律，让身体保持健康态，如多喝水，多吃水果和酸奶，保持胃肠健康。没有胃火，通常唇部也就不会干燥起皮。

另外，风大的干燥季节，不要舔嘴唇，因为那样很容易使嘴唇干裂，应该使用润唇膏。

一个唇印的隐喻

　　看电影的时候，我喜欢看一些细节，思考导演为什么要强调这个细节。这些细节的东西会在整个剧情当中穿插着，对推动剧情的发展和展现人物的心理变化有所帮助。作为时尚化妆造型师，我关注的细节主要在服饰和妆容的设计上。

　　如果你和我采用同一种视角看一些镜头，你会获得很有趣的发现：口红在不同剧情中，变换着它的样子，传递着某种隐喻的内涵。比如电影《色戒》中汤唯留在咖啡杯上的那抹红，娇艳而暧昧，和整个剧情发展若有若无地产生着不可名状的联系。

　　关于口红的故事，我经历和看到的也挺多。

　　我刚来北京的时候，还是一个在公交和地铁上挤来挤去的懵懂姑娘。有一天，我要去见一些重要的人，早上就涂了颜色很亮丽的口红，然后匆匆忙忙挤上公交车。

那天车上的人和往常一样多。我前面站了一位身材高大的男士，穿着雪白的衬衫，戴着一副眼镜，文质彬彬的样子。我眼神飘忽，想着要完成的一些工作。突然司机一个急刹车，我一头撞到前面男士的肩膀上。这么一撞，我的口红粘在他白衬衫的后肩膀上了——一个特别清楚的唇印。

他自己并不知道。我当时心想，完了完了，这个人回家绝对解释不清楚了。他应该是一个已婚人士，唇印在白衬衫上特别明显——现在想想我就觉得这个人真是太冤了。然后我赶紧把身体转过来，装作什么都没发生。这个故事我每次想起来都觉得特别搞笑。

有些时候，我们会故意把唇印作为一种妆饰元素，放在创意妆面上，放在衣服上面，甚至把唇印设计成一些饰品。我跟大家讲这个经历，就是想解释唇印为什么会有这么吸引人的效果。

在人们眼里，唇印代表着女性的情调。涂满了口红的唇才可能印出一个完整的唇印，而这一系列的动作，又包含着怎样的深情。

头发对我们来说实在是太珍贵了，
它们是我们身体的一部分，
正所谓"身体发肤，受之父母"。
或许我们的头发不那么油黑，
不那么柔亮，
但它们真真实实地陪伴着我们。

你的秀发

CHAPTER
06

发廊里的小女孩

　　我被问到最多的问题不是关于化妆的，而是关于发型的。在做化妆师之前，我就很喜欢发型师这个职业，于是我便背着父母偷偷跑去学习美发，也算是圆自己曾经的一个小小的梦。

　　小时候，很喜欢待在发廊，那个在小发廊里一待就是一下午的小孩便是我。看着发型师手里的剪刀飞舞，那些飘落一地长长短短的头发，满屋子呛鼻的烫发水的味道，对我而言是那么的新奇有趣。出出进进的男男女女，每个人进门来时憔悴萎靡，出门时又都精神抖擞。从那时起，我就深深迷恋上了头发，希望有一天，可以拨弄出千姿百态的头发。但那时我还是个小学生，只能在放学回家后，召集那些邻居家的女孩到我家排着队找我梳小辫。这就是女孩子的爱美天性，从小不点儿的时候，我便开始做创造美的小小设计师了。

　　对一个小女孩来说，头发的重要性甚至超过了美丽的衣服。

　　还记得自己小时候留着一头长发，疼爱我的姥姥总是给我编美丽的麻花辫。直到上学读书，妈妈不希望我每天浪费时间在编辫子上，就给我剪成了"蘑菇头"。当时我哭得稀里哗啦，姐姐远远看着伤心的我，不知道怎么安慰才好。

　　我想每个女孩都曾有过类似的经历，只是故事不同。

　　我们对镜梳理它们的时候，就好像是与自己对话。我们迎风行走时，可以感受它们拍打肩膀，或者看到它们在眼前飞舞。它们曾和我们一起悲伤，一起欢笑……

无畏山高水长，许你一世荣光

114

剪不断理还乱

● **留短发还是长发?**

到底是留长发还是留短发呢?

总是困惑于这个问题的你，困惑了许多年之后，也未必做得了大胆的变化。到头来说要剪短发的长发女孩依然留着长发，而说要蓄起长发的你可能还是没有熬过那个最难看的时期。

那么到底什么样的发型适合你呢? 请用 yes 和 no 回答我下面的 10 个问题，答案很快就可以揭晓。

长短发选择小测试

1 你的秀发属于细而柔软的，很顺滑，人人都称赞。

2 你的秀发比较浓密，总是令人羡慕。

3 你的秀发颜色不经染色或护理时是自然的黑色，且光泽很好。

4 你的头型属于头顶较尖的那种，总是有人说你显得个子较高。

5 你说话的语速比较缓慢，即使是生气的时候也不是很快。

6 小时候经常被人称为"小公主""小可爱"，而你也喜欢这个称呼。

7 即使工作繁忙，但你每天用来护理头发的时间依然很长，因为对你来说这是享受生活和放松的时刻。

8 你衣橱里的衣服颜色很丰富，并且你也喜欢尝试不同的风格。

9 你的女性朋友较男性朋友更多一些，闺密常常聚会，每次都是 3 人以上，甚至更多。

10 你喜欢古典文学或者古典艺术，无论是东方的还是西方的，也经常被朋友认为是一个很怀旧的人。

以上问题有 7 个或 7 个以上回答 yes，你就适合留长发。这里说到的长发是指头发的长度超过肩膀。

可能会有人问：为什么？因为留长发确实是需要一些基础条件的。

- 黑而柔软的头发很适宜留长。
- 性格柔顺的女孩留长发，外形更能与性情相匹配。
- 愿意精心呵护自己头发的人更适合留长发，而且大多是从小就开始留长发。

● 不适宜长发的时代

这个时代需要女性把更多的精力投入到事业中。就算工作不是很繁忙，女性需要投入精力的方面也还是比较多的。

越是在一线城市或经济发达城市，这样的现象越明显，而这样的女性更适合留短发。

反过来，如果是生活在节奏较慢的城市，女性打理自己的时间和精力较多，那么适宜留长发的女性便相对更多。

另外，年轻女孩留长发的较多，中老年女性则留短发较多。

但无论是长发、中长发还是短发，都可以因为你很好的打理，而散发出更多的美丽。

记得在一次聚会上，我认识了一个非常漂亮的女孩，留着一头长发。但她的头发干枯、开叉，发根是塌的，不要说弹性，连光泽也基本没有。我每次见到她，都有一种冲动，想告诉她："你的头发该护理了。"但出于礼貌，话到嘴边还是咽了回去。还有的女孩留着很个性的短发，可是由于疏于打理，没能更好地显出个性来。

有一次，一个女性好友发来微信问我，她是不是可以剪短头发。在这之前我已经多次劝说她剪短头发，但她一直下不了决心，没有行动起来。这次她问："是否有一种发型平时打理的时候既省事，又省时？"我调侃地告诉她："有呀。就是理成一个光头啦。"

若决心改变发型，就要拿出一部分时间来打理。

我们常常通过头发来判断一个人的近况。头发是干净有光泽的，还是干枯没有弹性的，都能显示出人的身体状况和精神面貌。所以，从现在起，我们是不是也要开始关注自己的头发了呢？

● 烫卷发，还是拉直？

我们除了总是纠结于剪短还是留长，还会纠结于到底是烫成卷发还是留直发。

你是不是遇到过这样的情况：某一段时间明星都热衷烫发，所以你冲动之下也去烫了个发；在美发店发型师劝说下烫完发而后悔不已；总觉得自己头发太少，应该烫一烫，让头发显得多一些。

我依然认为，我们应该抛去对时尚潮流的追随。一个人究竟适合卷发还是直发，也是和自己的内在有直接关系的。我们的内在是一个什么样的人呢？我们的内在是不是可以通过外在的变化而发生变化呢？

我们来看下面几个问题，依然用 yes 和 no 来回答。也许你可以找到满意的答案；也许你最终还是没坚持住，想要追随一下时尚的脚步，而做了相反的选择。这些都不重要，重要的是我们又一次学会发现自己，关注内在的那个自己，这个过程本身就很好。

直发、卷发自问小测验

1 你是消瘦的身材吗？总有人说你怎么最近又瘦了？

2 你总是在嚷着要减肥吗？

3 这几个形容词有 3 个以上适合你吗：强势的、勇敢的、豪爽的、任性的、直率的？（有 3 个以上符合为 yes，低于 3 个为 no。下同。）

4 这几个形容词有 3 个以上适合你吗：丰满的、性感的、温和的、浪漫的、宽厚的？

5 你的服装几乎都是这一类型的吗：飘逸的、华丽的、正统的、民族的、时髦的？

6 你总被最好的朋友骂太冷血，看到令人感动的电影情节也依然不动声色吗？

7 你的母亲是一位爱美的女性吗，在你小的时候教了你很多变美的经验？

8 你是多愁善感的人吗，曾为流浪的小猫或小狗难过甚至哭泣？

9 你大多数时候走路总是很慢，遇到红绿灯过马路也很小心？

10 你总是冲动消费，家里的化妆品和衣服有很多都从来没用过、没穿过？

11 你的购物大多数时候是理性的吗，往往一件衣服几年后穿出来大家依然觉得很特别？

12 你的服装几乎都是这一类型的吗：硬朗的、低调的、舒适的、简约的、个性的？

13 你经常热衷于追随时尚潮流，流行什么发型就会去尝试什么发型吗？

14 你说话的声音接近童声，是柔和而甜美的吗？

答案

低于 5 个 no 的，你最适合留直发。

高于 7 个 yes 的，你非常适合将头发做卷。无论是烫发还是做一次性的卷烫，无论是大卷还是小卷或是发尾有一点儿弧度，都适合你。

通过这些问题，可以看出你内在性格是如何影响到你的外形特点，你的喜好如何显示出你的内心需求。当然前面说过，如果你熬不住诱惑尝试了不适合自己的造型，那又有什么关系呢？我们总是要在不断尝试的失败中站起来，直至我们找到让自己最舒服的样子。

最重要的是，无论什么发型我们都能将它打理得很好，并带着自信走出去，这才是我们要做的。即便是那些明星艺人，也是慢慢修炼出独有气质的。等到他们自成一派时，我们已经不再去计较他们的发型是否追随了潮流。相反，他们已经站在了潮流的最前端，引导着潮流。要知道，正是因为有足够的自信可以驾驭自己的选择，人才会由内而外散发魅力，相信你也可以做到。

◆ 应急发型小妙招

有的时候，我们可能会碰到一些突发的情况。比如临时要出席一个活动，比如周末想懒一下，不想特别收拾自己，但又有推不掉的约会。这种时候，我们可以用简单的方法来处理一下我们有些"忙乱"的头发。

气质高马尾

我们可以扎一个高马尾，年轻女孩可以扎高一点儿。高马尾在发型设计里面，是一个既显年轻又不会太过随意的发型。不管你去哪儿，这个发型都很适合。扎高马尾需要把头发梳得很利落，这样人看上去又年轻又有活力，而且有真实感，让人感觉很亲切。

扎高马尾最重要的是马尾不要掉下来。如何保证高马尾不会掉下来？

首先取顶区的头发梳马尾，用橡皮筋固定好；接着用梳子将马尾辫稍微刮蓬松；然后把剩下的头发收上去再扎，从马尾辫中取一小束头发缠绕橡皮筋，遮掩橡皮筋，这样扎就不会掉下来。

头发越多，越容易扎不紧，很容易掉下来，用上面这个方法，就可以解决掉下来的问题。

慵懒发辫

在没有时间打理的情况下，头发可以编成一个辫子。

我们可以把长发编出一个慵懒的小辫，还可以编偏一点儿，看着还挺随意的，增加些许情趣。在一些非正式的约会场合，可以用这种方法来应急。

除了编小辫，也可用编好的三股辫，通过电夹板加热的方式，打造随意自然的卷发造型。

百搭二合一

扎马尾前，可先挑出几缕头发编成三股辫，再梳成马尾，编发加马尾的结合让你更加灵动特别。

气场油头

如果是短发，在场合需要的情况下，可以直接用啫喱定型，把头发整体向后梳光；可以偏分。

我讲一个自己的例子。

我第一次梳油头是在法国参加一个活动。早上一起床，发现大家都在楼下等我，时间来不及了，我一看自己的头发，心想完蛋了，也没时间搞造型了。于是灵机一动，抓起手边的啫喱膏顺着头发往后梳。

这个啫喱膏其实是给模特准备的，没想到自己倒用上了。等我下楼见到大家，大家都说我这个造型简直太棒了。

从那以后，这成了我在很多场合经常选择的一个造型，就是向后背过去，有点儿像男生的油头。他们就说特好看，岳老师，你这个特别帅。

这个油头最大的优点就是特别快，适合时间特别紧张的时候。

吹风滚梳加清水

如果睡觉后头发太过蓬松凌乱，可以先使用喷雾或清水弄湿头发，将头发梳顺，然后吹干，会清爽许多。需要饱满处理的地方也可借用空心卷上卷。

针对刘海儿问题，有一个应急的办法。很多人早晨起床，刘海儿是塌的，弄一个空心卷，再弄点儿清水，然后稍微吹一吹，就可以出门了。

有一次，我助理跟我出差，她头发爱出油，又留着空气刘海儿，于是她中午吃饭的时候把空心卷夹上去，下午又把它取下来。我说她这小心机还挺多，她说，没办法，她头发爱出油，空气刘海儿出油后就会塌下来，不饱满了，她又不能给我丢人。我觉得这空心卷不失为好办法，放在包里不占地方，有需要就可以随时拿出来用。

半丸子头

这个发型可以增加头顶蓬松度，是老少皆宜的出门万能发型，也是减龄变时髦的小秘诀。发际线高的不妨多留一些额前的碎发；刘海儿经常出腻的话，可以揪起一束往后面、侧面衔接。

半丸子头适合头发稍微短一点儿的头发，头发太长扎出来的效果不如短一点儿的好。

懒人救星

懒人总是没时间洗头，但还想通过耳侧的头发来修饰脸形，那你就得先用免洗类洁发产品，先将头发顶区和两侧的头发打造出蓬松感，也可以用蓬松粉。

所以，常备免洗产品可以让你快速地摆脱头发油油的、脏脏的困扰。我常用资生堂的这款蓬蓬粉雾摆脱油腻头发。

油腻、脱发救星，
用前摇匀再喷，可以去油

拯救干枯毛糙

用免洗护发素修复受损秀发，选用含修复功效的精油也不错；最后用发蜡将发尾定型，增加头发光泽度。

毛糙头发救星，
取少量均匀涂抹在头发上，
再用吹风机将头发吹顺

用发型拯救脸形

我剪了一个非常俏皮的短发，应该是我多年来最大胆的一次尝试。有人在我的微博留言说：很喜欢这样的短发，只是自己的脸形有点儿不适合。我的新发型有一个非常短而且参差不齐的刘海儿，可以露出额头，再加上不规则的线条，显得人非常有个性。

一个好看的发型，对脸形的修饰非常重要。不仅如此，好看的发型还会影响整个头部与身材的比例，因此一个适合的发型是非常重要的。

⬢ 额头影响气场

总是有人问我是否该把额头露出来，也有人总是想剪个刘海儿，却始终没有勇气。

TIPS

有的脸型不太适合露出额头。有的人额头一旦遮住，脸真的可以即刻小 1/4。这种情况，就不要把额头露出来。

露出额头会让我们在人群中非常引人注目，很有存在感，但我们是不是需要这种存在感就另当别论。如果有一些场合，需要显示出干练的气质，那么露出额头，就会帮助你达到预期的目的。

但是有时我们不需要这种气势，需要塑造温和或者可爱的形象，那么刘海儿就可以帮助我们。

还有的朋友，五官长得很精致谐调，完全不需要用头发修饰脸型，那是否留刘海儿完全可以根据自己想要的风格来定。

● 发色密语

如果想尝试染发的话，需要选适合自己的发色。一个简单的方法：遵循我们前面说到的选择粉底色的规律，判断出适合自己的冷暖色系（见第二章）。

有些时候，你会发现周边忽然流行染发，而且是非常夸张的颜色，你是会考虑跟个风也潮流一次，还是依然不变？这个时候，我们可以看看自己的真实需求。

因为职业的关系，我有时特别需要有一定的辨识度。年轻的时候，我几乎把流行发色试了个遍，每次改变既给了自己很多自信，也愉悦了他人的眼球。

发色和衣服　如果我们的职业需要略微保守一些，那就不要轻易尝试那些挑战色，因为你会发现一旦发色改变，你衣橱的大部分衣服都要扔掉了——原有的衣服每件都很难搭配头发。所以特别流行的颜色，不要轻易尝试。

最好的头发就是健康的头发，保持头发干净清爽、顺滑有光泽，就非常好。

常有人说，一个人幸福不幸福，看头发就知道。爱自己的女性会注重头发的保养，而懂得爱自己的女性一定也是很会生活的人。

若需改变头发颜色，一定要在专业人士的指导下进行。如果你有白发早生的困扰，那还是需要染发的，但染膏选较为自然的颜色为好。

从事特殊职业的人比如演艺人士，可以根据自己的风格选择适合的颜色。

前不久，我为朋友公司的少女组合设计妆发。13 个女孩中，有一个女孩我认为她适合将头发染成浅粉色。原因有二：

一是女孩肤色属于冷肤色；

二是她在群体中的气场显得稍微有点儿弱，也就是我常说的存在感不太够。

所以，对她来说，可以大胆尝试做一次完全不一样的染发。

美国《VOGUE》的创意总监格蕾丝·柯丁顿女士是我很尊敬的一位女士，一头棕红色的秀发深深吸引了无数人。她在美国时尚界的成就让人赞叹不已，而她标志性的发色也像她的成熟气质一样光彩夺目。

选择适合自己的洗发产品

　　养护好自己的头发，离不开日常的洗护，选择适合的洗发水和护发素非常重要。一般我们将发质分为三类：油性发质、中性发质、干性发质。

油性发质

　　每天都要洗发，甚至早晚各一次，一旦不洗，头发就塌塌的、油油的。不过有很多品牌的洗发水是可以拯救油头的。

　　比如美国畅销品牌宝美奇（Paul Mitchell）洗发产品中的 2 号或者 3 号洗发液就是针对油性头发的，洗完需要用相应的护发素。因为油脂实在是清洗得太干净了，头发甚至会干涩，但确实可以瞬间解决头发油腻的问题，让头发蓬松起来。

宝美奇洗发水有温和型，也有去油去屑型。

中性发质

一般每天洗一次，也可以两天洗一次。

这类发质的人最应该注意的是不要选错洗发水，有些洗发水去屑效果很好，同时意味着会让头皮更干。中性发质者更适合选择温和的洗发产品，如果选择了不适合的洗发水，会造成头皮干痒。

干性发质

可以 3 天洗一次头发，但实际上我们不可能 3 天还不洗发。所以干性发质者可以采用含有天然植物油脂的洗发水，并且应该经常给头发做做发膜护理，防止头发开叉枯黄。

干性发质者可常用护发油。

使用其他护发产品

这些只是最基础的洗发，打理头发时所使用的发品也很关键。

如果头发又粗又硬，我们可以用柔顺型发品来使头发柔软，很多品牌都有顺发液，柔顺头发的同时，可以在发丝表面形成保护膜，同时还能锁住水分。

另外，对于发蜡，在非特殊需求的时候，可以选择有一定亮度的产品，这样可以增加头发的光泽，也更容易打理出纹理。亚光的发蜡通常适合男士，可以打理出那种酷酷的造型。

我爱用的产品很多人都知道了，甚至网上还有人蹭热度，用"岳老师推荐"作为名头。不管怎样，我确实是宝美奇的忠实用户。

我最爱用的宝美奇单品是柔亮胶，它塑型的功能很强大，还有就是啫喱膏，因为用后头发的硬度足够打造各种发型，同时非常容易清洗，这点非常重要。

我在日常化妆造型工作时，最爱用的是发蜡以及强控干胶。尤其是在发尾毛糙时，发蜡可以抚平毛糙，易于造型。而干胶则可以长效定型，甚至不怕风吹而毁掉造型。

护发方面，我推荐蜂花护发素。它的效果特别好，一般超市都能买得到，真的是物美价廉，我也给艺人、模特们推荐过。

最后，我要对爱护秀发的朋友说，无论你多么爱留长发，真到了头发开始变得干枯，或者长发发型并不是很适合你的时候，就是你下定决心改变的时候了。

当然，如果短发的你真的很想尝试一次长发的感觉，也不是不可以，现在有很多办法可以实现，比如接发，或者戴仿真度高的假发。

关于植发

如果你的头发比较少，我比较建议你去植发。一般情况下，头发少的人，通常都是头顶这一块少，脑后的发量其实还是挺多的。这种情况可以考虑植发。

植发，其实就是把后面的头发种到前面来，甚至发际线外围一周都可以种。我身边有很多朋友都种了，很多艺人甚至设计师都做过植发。这种方法可以算是一劳永逸地解决头发少的问题。

广告上说的用洗发水来生发的情况，我在实际生活中是没有见过的，所以我认为是不太有用的。

植发是百分之百有效的，植完之后，头发自己会慢慢长出来。植发一般是从后脑勺头发比较密集的地方取出健康的毛囊，然后移植到需要植发的部位，毛囊成活之后，就可以长出正常的头发。

正常情况下，前面的头发应该比较细软，而后面头发是相对较硬的。因此植发后长出来的头发有可能会很硬。

其实毛囊还能植到眉毛上去，但是会疯长，要天天修。因为长出来的是头发，不是眉毛。眉毛长到一定时候就脱落了，但是头发只要不剪就会一直长。我有朋友植的眉毛，就要自己拿剪子剪。

头皮可以养护吗

现在好多广告推崇"头皮养护"，比如有的广告说："你洗头发了，但你洗头皮了吗？"我个人认为，这是一种营销手段，并不足以为信。洗头发就是洗头皮了，不存在洗头发不洗头皮的问题，所以不要去相信这些，都是"胡扯"。

现在有很多"零硅油洗发水""二合一洗发水"。虽然我对成分不是很懂，但我可以确定的是，如果你的头发是油性的，那么你就要用温和一点儿的洗发水。我前面提到过美国的洗护品牌宝美奇，之所以推荐，是因为这个品牌我自己就用了十几年。

我的上海美妆店也用这个品牌给顾客洗头发。它的洗发水有七八种，不同的发质对应不同的洗发水。油性发质、中性发质、干性发质分别有相应的洗发水，想要增加养护的有养护型洗发水。

　　美宝奇是一个非常非常专业的品牌，也是美国销量第一的洗发品牌。它的产品可以细分到每一类人，专业精神实在太值得我们学习了。

　　宝美奇洗发水有一款茶树系列的，有人说夏天洗完头会感觉特别清爽，可是我洗了之后，发现这个系列并不适合我，因为洗完之后我觉得头发特别干。我毅然决然地把它送人了。

　　所以我认为选择适合自己的洗发产品要试，自己多试，当然试之前要先看好说明。

头皮敏感

　　我做产品之后发现，所有商场卖的有批号的、正规工厂做出来的东西，基本上没有有害物质超标的，可以放心选购。非正规渠道的"三无"产品，它的效果可能特别神奇，但也可能某项成分超标，长期使用会对人体有伤害。国家对这方面的审核极其严格，不能达标的东西拿不到批文。

　　如果你感觉头皮痒，起痘了，不一定是洗发水的问题，有可能跟你这段时间的身体状态有关。或者是因为你这段时间戴帽子了，戴发带了，都有可能。

　　如果你戴发带或帽子时长期勒到某一个地方，就会形成皮肤的瘙痒和起痘。我昨天戴了帽子，今天早上起来，就觉得头皮特别痒。头上长期戴着帽子，头皮憋着不透气，想想都很难受。

　　另外，早晨洗完头发，头发看上去吹干了，但实际上还是有残留的水分。一戴上发带，因为头发没干，湿湿的，就容易滋生细菌，引起皮肤的敏感和不适。而皮肤之所以非常敏感，是因为你的抵抗力相对差一点儿，可能近期的身体状态不好。

脱发其实和肾有关系，肾脏功能变弱，容易导致脱发。因此防止脱发，最重要的是调养好自己的身体。

我姐姐小时候头发又多又粗，但现在头发只有很少一点儿，而且看上去软塌塌的。我经常说她：你为什么不去好好地看一下中医，调理一下身体，这样还能拯救一下。虽然她觉得我说得很对，但是觉得麻烦，仍旧放任不管。

我姐姐比较爱静，不喜欢活动，在家就是坐着、躺着，总觉没劲儿。一个人不活动，气血流通得慢，那么全身的脏器也就不强健。时间长了，头发就会从浓密变得稀疏。我姐姐就是一个活生生的例子。所以，一旦有脱发的情况就应该找医生辩证施治。

画重点

选洗发水注意啦!

选择可以信赖的大品牌，或者耳熟能详的牌子。尽量不要选择没听说过的牌子，或者是完全听信广告。可以看下品牌的所属公司，如果这个公司没有做过什么成功的产品，就基本上可以放弃了。

一定要看清楚产品的说明书。它一定会告诉你它是适合干性的、中性的，还是油性的发质，它会帮你做出正确的选择。选洗发水一定不要单纯听信别人说的，你要自己去试。

秀场上的秀发

　　我在给艺人做造型的时候，基本上很少去突破他原有的形象。因为会有艺人经纪人提前告诉我，他不能轻易做改变。基于他们职业的特殊性，大部分艺人是很少大幅度变换风格的，除非经纪公司对他们的造型提出了全新的包装需求。

　　不过关于发型，有一件很多年前的事情，让我感触很大。

　　她是我的一个学生，比我还大 12 岁。2007 年她第一天上课的时候，披着到锁骨的中长发。我建议她做一个短发造型，到耳垂下面一点这个位置上，我简单用发夹给模拟并固定了一下，用手机拍照片给她作参考。然后，她当天就去剪了短发，剪完之后你猜怎么着？她一回家，女儿便非常夸张地说："妈妈你简直太漂亮了。"然后躺在地板上说："我被你迷倒了。"她当时真的是高兴坏了，然后马上化妆，约姐妹喝茶。

　　多年以来她一直保持这个发型，显然这个发型十分适合她。

　　对我们一般人来说，因为发型的变化而带来的自信效果是立竿见影的，寻找一个最适合自己气质和风格定位的发型，也和艺人寻找适合自己的定位风格一样重要。

　　对艺人来说，发型要做很大的改变，确实会有阻力，我们一般都是按照他们原有设定的样子来做。因为他们的形象是按照相应的需求设计的。记得有一次和演员金晨合作，那是 2016 年，拍搜狐时尚的时尚片，我给她化妆。她曾经学过专业芭蕾舞，我们拍摄的方案是让她分别扮演白天鹅和黑天鹅。

　　她的白天鹅的造型就是那种小清新的风格，丸子头稍微打毛一点，就像跳芭蕾舞的一个少女。等到拍黑天鹅的时候，我希望她能显得更有个性一点儿，因为她的头发很细软，我想将她的发型做得有一些棱角，有些线条，包括眼线也化得稍微上挑，与前面的白天鹅形成大的反差。

在设计发型的时候，头发长度是到耳朵以上还是耳朵以下，气质的变化是有区别的。我给她选的黑天鹅短发造型是在耳朵以上，这样可以达到个性张扬的效果。我给她戴了个短发发套，非常好看，她自己也特别喜欢，经纪人也觉得不错，于是不久后她就把头发剪短了。但是，我看到她微博上有粉丝说这个发型不适合她。

短发对发质、发量还是有一些要求的，太细软的头发剪短发日常打理有一些难，发量也是多一点更好。但是发质很硬、发量很多的人也不适合太短的短发，因为头发会过于蓬松，令头部看起来很大。所以，我会推荐大家在日常想改变造型的时候可以先选择戴假发套，而不要轻易尝试剪短头发。

对化妆造型师来讲，没有不适合，只有想不想、要不要打破原来的东西，塑造一个全新的形象。这就是造型最神奇的地方——塑造一个全新的你。

以前，我喜欢折腾头发。我妈经常说，头发长在我头上可真受罪，我就没停止过折腾它。我说为什么要停止？我很享受这个过程，我很开心。我以前留长头发的时候，大家都觉得特别可爱，有点儿像那种乖乖的日本女孩；我留短头发之后，他们说这才是岳老师，岳老师就应该是短发。

造型的本质：突破原来的你，发现未知的你。

所以我想和大家分享的是：对于你的内心，你可以尊重它，可以满足它。为什么你说不适合，我就不能做呢？想做就做，没什么可怕的。

爱美，怎么都不会错！

<u>我不相信用心做的事情效果会不好。如果你想改变，没有什么事是做不到的。</u>

我们大多数人，

可能长期保持着一种风格，

不太尝试全新的风格。

这一章，我主要谈一谈配饰，

因为它们确实可以瞬间改变造型。

穿搭高手的百变灵魂

CHAPTER
07

　　除了服装之外，鞋子、包包、首饰、围巾、帽子、墨镜等，我都称之为配饰。

　　我自己就有几顶帽子，每一顶帽子都会让我的形象发生变化。墨镜是我最爱买的单品，可以帮我快速地实现一些造型的变化。

　　下面，我会用多年的实践经验来做技法分享。最开始，我要特别说说鞋子。

鞋子如初恋

鞋与女人是可以一见钟情的，就像恋人。衣服可以宽大，也可以修身，但鞋子要刚刚好，不仅合脚，更要合心。

我相信爱自己的女人必定是爱鞋的，因为她不允许内心的粗糙，也不允许细节上的邋遢，是极致到内心的。众所周知，女人的脚作为肢体的一部分，其意义不只是走路那么简单。毫不夸张地说，女人一双秀足的性感丝毫不亚于臀部和胸部。

● 爱鞋的女人

看一个女人的品位，要看她的鞋子。

英国的戴安娜王妃和菲律宾前总统马科斯的夫人伊梅尔达都是鞋狂，都拥有着数千双名牌鞋，着实让人惊叹。但对大多数普通人来说，

好的审美才是关键。

Carrie 曾经在《欲望城市》里说过，如果让她在一双鞋和男人之间做抉择，她一定会选择鞋，因为它比恋爱更有吸引力，可见女人与高跟鞋的关系之亲密。

鞋子为什么会产生这么大的魔力，让女人耗费这么多精力在鞋子上呢？

我对鞋子的痴迷起源于童年——硬是把自己的小脚放进小姨的高跟鞋里，陶醉在高跟鞋接触地板时发出的响声，沉浸在这种声音的魔力中无法自拔。

曾有研究说，喜欢买鞋子的女性往往对情感的需求也非常高。将合脚、时尚、实用、百搭等需求都集于一身的鞋子显然不多，即使有也可能因为时间久了慢慢淡出你的视线，所以女人与鞋的关系，与情感需求有些类似也是可以理解的。

因为有很大一部分工作是在时尚圈，我不免要准备很多双鞋子，也需要一些服饰来显示自己的品位和搭配功力，但是我的消费是较为理性的，我会买较贵的鞋，也一定是判断它应用场合较多时才出手。

我买贵的鞋的理由是，自己更容易爱惜它。这看起来有点儿可笑，但事实证明，我确实会更珍惜每次搭配出来的效果。当然我也有买错的时候，有几双鞋至今都只能拿出来欣赏。但是这个过程依然会给自己带来愉悦。

不过，我还是不建议大家做不切实际的购物，一定要多试几次再决定，不要只为一套衣服而盲目购买。

● 总有一款鞋适合你

鞋子和衣服一样，都具备着社交功能，不同场合有其对应的着装，只用一双帆布鞋打天下是不合适的。所以理性的主张是，你应该选择更百搭的基础款鞋子。我们并不需要全部的鞋款，只要有一些鞋柜基础款就可以应付大部分的场合和搭配。

我个人对基础款的定义是：具备舒适度和实用性。因为基础款鞋子是我们日常会经常穿着的，所以鞋子的舒适度很重要。所谓"实用性"，是指鞋子要有基础的保护作用，要保暖，适合整体造型风格等。

下面，我推荐9种基础款式，这些款式能够和不同类型的衣服搭配，兼具舒适度和实用性。这9种基本款式分别为：pumps鞋、牛津鞋、乐福鞋、小白鞋、芭蕾平底鞋、AJ鞋、尖头平底鞋、切尔西靴、一字带凉鞋。

pumps（无带浅帮女鞋）

　　这种浅口、细高跟、没有鞋扣带的鞋子，叫"pumps"。因为这种简单的鞋型方便搭配各式服装，适用于各种场合，所以它从不过时。

　　在出席正式活动或者比较高级的商务活动中，黑色、尖头不露脚趾、细跟的鞋子是最安全的单品，而且黑色和大部分颜色的衣服都可以搭配，怎么穿都不会错。

　　形体圆润的人，适合鞋头设计略尖一点儿的鞋子。

TIPS

　　黑色尖头是最基础、最百搭的 pumps，任何一个场合都能胜任。

　　这里我们可以先来做一个对比：正装搭配 pumps 和小白鞋的感觉是完全不一样的，pumps 能马上使严肃干练的正装变得非常有女人味儿，小白鞋则会把正装从严肃拉回休闲。

但是，我不太穿黑色尖头细高跟鞋，因为这种鞋的尺码会偏小，适合的鞋码穿进去就会挤脚，而前面不挤的鞋子，又会不跟脚。因此，我一般会选择鞋尖圆一点儿的设计。但如果你是体形较瘦、身材较高的人，完全可以选择这类鞋。

那种厚厚的防水台式的高跟鞋可能会拉长身高，这种拉长身高的方法会让人上下身的比例失调。我在高跟鞋这件事上向来认为，不要盲目增加高鞋跟的高度，容易产生不真实感。

如果想要既时尚又稳重的感觉，5—8厘米的高度是最合适的。

很多时候我们在上班时并不需要穿正装，只需要稍微正式一点儿就可以。如果你穿T恤、牛仔裤、黑色尖头的pumps，这样就能把你的着装等级从日常级别提升到上班非正式级别，同时，精致度瞬间暴涨。

除了黑色，裸色的pumps也是基础款，可以搭配浅色的衣服，还可以显高。注意，选择裸色pumps的时候，要选择和自己脚面肤色相近的裸色，和选择粉底的原理一样。这样可以产生视觉上的错觉，拉长腿部。

pumps（无带浅帮女鞋），
适合多种场合，从不过时。

牛津鞋

说到矮帮皮鞋，第一时间想到的应该是牛津鞋和乐福鞋吧。

当年牛津大学学生选择这种低帮、方便穿脱的小皮鞋，代替以前的长筒校靴，牛津鞋因此而得名。其款式的区别主要集中在鞋头上，常见的鞋头有 plain toe、cap toe、wingtip。

这些小皮鞋的鞋面上常有小孔，这些孔最初是为了经过小溪、沙地的时候，方便泥沙从小孔里出来，不堆积在鞋子里。但是现在，这些鞋面上的小孔主要起装饰作用。

基础款鞋子的话，还是建议选择没有小孔或者有少量小孔装饰的简洁款式。

牛津鞋上的小孔具有
装饰性。

还有一款鞋和牛津鞋非常
相似，就是德比鞋（derby）。

德比鞋襟片的开放性展现
出与牛津鞋不一样的活力。

牛津鞋、德比鞋　这两种鞋的主要区别在于两种鞋的襟片设计不
一样。德比鞋的襟片是开放式的，鞋舌和鞋面为一张皮；而牛津
鞋的襟片是闭合的。

这两种鞋在外表上没什么太大的区别，只是襟片开放的程度不一样。
如果你喜欢牛津鞋的样式，但是脚胖没办法穿，便可以试试德比鞋。

我个人很喜欢有牛津鞋设计感的鞋子，牛津鞋风格稳重经典，同时还
非常百搭。Prada 的厚底鞋就有这种设计，已然是这个品牌平底鞋中的经典
款式。黑色很百搭，我还有一双银色的和一双黄色的，它们可以搭配多数
的裙装和裤装,甚至跟休闲运动款的衣服搭配都没有问题。这种鞋经久耐看,
性价比非常高。

乐福鞋

乐福鞋也叫懒汉鞋，是一种浅口、没有绑带的一脚蹬的便鞋。

乐福鞋适合大多数休闲场合或者半商务的场合。这种鞋子轻便舒适，但缺点就是鞋面比较窄，如果鞋面太宽，会给人一种不够精致、太过随意的感觉。

这种鞋子的优点是，会拉近与别人的距离。可以选择一些亮丽的颜色，还可以带一些漆皮效果，可以彰显品位。

牛津鞋和乐福鞋搭袜子，加上基础款服饰，能增加整体造型的别致感，会带来些许的复古学院感。

现在的乐福鞋流行无后跟的设计，很像拖鞋，我个人认为在一些较为休闲或私人聚会的场合可以穿，但正式场合就略显有失稳重。

乐福鞋会拉近与别人的距离。

小白鞋

　　小白鞋就是白色的休闲鞋，不管材质是布的、皮的还是麻的，只要是白色的便鞋都可以成为穿搭利器。

　　我认为任何年纪的人都可以有几双小白鞋，不管什么风格的服饰，只要搭上小白鞋就会立刻显得年轻充满活力。

　　当然保持鞋面的清爽干净非常重要，而且一定要露出脚踝才好看。冬季搭配长款羽绒服时，可以穿厚针织袜来呼应棉服的厚重感。

　　小白鞋搭配长裙也是非常不错的选择，给人一种女性的利落美。穿大衣的时候搭配一双小白鞋，可以带来活力，具有减龄的效果。

小白鞋是穿搭的利器。

TIPS

　　小白鞋和非休闲风格衣服混搭的主要功能就是 dress down，给整个搭配增加一种轻松休闲感，体现出很好的混搭效果。

芭蕾平底鞋

芭蕾平底鞋源自跳古典芭蕾时穿的室内便鞋。

这款鞋的特征是不分左右脚。最早的芭蕾平底鞋，是以个人双脚的轮廓为模子进行设计的。芭蕾平底鞋是很多明星的优选鞋款，比如奥黛丽·赫本。

芭蕾平底鞋的样式区别主要集中在鞋头，常见的是小蝴蝶结装饰。芭蕾鞋是属于快时尚类型的鞋款，对身高和体形有一定要求，适合娇小玲珑或者纤瘦型的人，体形较肥硕的不太适合。

芭蕾平底鞋淑女秀

这是非常淑女的一款鞋，因为形体的问题，我个人是不能穿的，但很喜欢，很欣赏。

AJ 鞋 / 老爹鞋

AJ 鞋是很多少男少女的最爱。很多男生女生一买就买一柜子、一墙的 AJ 鞋。AJ 鞋可以说是潮流的代表，很潮范儿，很减龄。

AJ 鞋的潮流范

复古运动鞋，俗称"老爹鞋"，近年来特别流行，最明显的就是特别具有增高的效果，也很好混搭各类服饰，是潮搭利器。

尖头平底鞋

尖头平底鞋可以看作 pumps 的"零厘米版"，它在精致度和风格上和 pumps 是一样的。如果你不想一直穿着脚累、心也累的高跟鞋，又想有 pumps 的精致度，可以试试尖头平底鞋。

尖头平底鞋能给造型带来女人味儿，并且能提高精致度，更有御姐气质。

尖头平底鞋适合体型较瘦的高个子女生。

尖头平底鞋精致

切尔西靴

在靴子中，量感轻的高跟踝靴和量感重的马丁靴都是常见款，而切尔西靴的量感介于两者之间，也就是说，切尔西靴在服装搭配中是包容性更强的一种。

切尔西靴搭配大衣、裙装、紧腿裤都是非常不错的选择，会显得人帅气、干练又经典，我个人就非常喜欢。如果你喜欢穿裙子，但又不想气质太过女性化，那么一双切尔西靴就是非常好的选择。

切尔西靴适合
搭配裙子

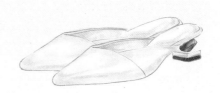

一字带凉鞋

一字带凉鞋是指踝部和脚面各有一条细带的细跟凉鞋，也被称作"鞋子里的小黑裙"，是可以出席大型活动或日常逛街的经典鞋款。

在参加颁奖典礼、走时尚红毯时，女明星经常会选择一字带凉鞋。

蕾哈娜就是一字带凉鞋的忠实粉丝。

我曾一次买过两双一字带凉鞋：一双黑色丝绒的，搭配正式的小黑裙；一双黑色小羊皮的，可以搭配所有的服饰，包括牛仔裤、运动裤，都没有问题。

连衣裙很有女人味儿，而且上身后飘逸、轻盈，这时选择同样轻盈的一字带凉鞋是很不错的选择。因为一字带凉鞋能最大限度地露出你的脚面，尤其是裸色的一字带鞋，穿上就像光着脚一样，更显得腿长。

白衬衫加牛仔裤搭配尖头 pumps 也很好看，显得人很纤细、干练。但换成一字带凉鞋，量感会减轻，在保持纤细的情况下，还减弱了尖头高跟的攻击性，会显得人更温柔。

一字带凉鞋经典高贵

背包如佩剑

● **颜色搭配**

只学会选购一款合适的包包远远不够，你还要注意包包与衣服的搭配，常用的搭配方法有三种：

1. 同色系搭配

这是最安全的一种搭配方法，不会犯太大的错。不过素色的衣服我不建议用同色系包包搭配，那样会让你显得单调而苍白。

2. 异色搭配

如果你的衣服是素色的，则可以选择一款亮色的包包来搭配。如果你衣服的颜色已经够多了，则不妨选择一款素色的包包来形成对比，起到画龙点睛的作用。

3. 撞色搭配

这个方法比较冒险，但若运用得好，则会让你非常出彩。

枕头包

另外，关于包包还有几点建议：

单肩斜挎包

1. 不要太过保守

如果你想尝试一个大胆前卫的流行款，那不妨从性价比高的包包入手。

2. 不要把包塞得太满

如果你随身携带物件比较大，那就选一款足够大的包包，切忌把包包塞得鼓鼓囊囊。

托特包

3. 加点儿自己的设计

可以在包包上系一条丝巾，让包包有着你独一无二的标志。

● 背包大小的选择

一般来说，我喜欢大小适中的、设计感足的、品质好一些的经典款。黑色是首选，可以搭配很多服饰。

我个人会喜欢有一些镶嵌，比如铆钉、珠片等，但整体不太复杂的设计，可以搭配我大多数服装，有一点儿中性味道。

包的大小依自己的体型来选择，过小的包会显得人形体健硕，过大的包又会沉闷，显得累赘。那些可以单肩斜挎又可以手拎的包是最为实用的。包包也要注意保养，始终保持干净，这也是着装礼仪的一部分。

有时一款精致的手拿包即使不是名牌，也会给人留下非常好的印象。

切忌拿大款包包赴约　无论是商务场合还是私下约会，从大包里翻找东西的行为都是不雅的。为自己选一两个晚宴包，大小能放进名片和手机就可以，参加宴会或者派对的时候，带上它会给整个造型加分，即使你只穿了一身简单款的小黑裙。

包里的东西要尽量精减　这样会给别人留下难忘的印象。当然对自己来说也是一个很好的暗示：一切都是有准备的状态，可以让自己无论何时何地都不慌不忙。

与精致包包搭配的，还要有淡雅的香水和修剪整齐的指甲，这是细节。香水的味道和指甲的颜色常常会"诉说"出你的品位。

⬡ 背包的颜色

如果你想让你全身的造型重点在你的手包上，就需要让你的手包跟你的服装有大的反差。

无论是色彩，还是造型，如果你的整体造型中已经出现有反差的地方了，就不要再用包包去争艳了，整体造型中最好只有一种反差。

鲇鱼包

对于宴会场合，一般我会建议用手包。走红毯会有一个签到环节，这时一定要拿手包，不要拿大包，所以手包就是一个装饰品。手包不能大，大了就不叫手包了。

在仪式感特别强的场合，我们完全可以给自己的造型加一些这样的小亮点。

不过，在我的日常生活中，我喜欢没有太多设计元素的包包。平时的话，我比较喜欢双肩背包：一个皮的，体现质感；一个普通的，什么都可以往里面放，轻松便捷。

注意背包的小细节设计

1 如果你有带金属链的包包，金属链会增加华丽感，就相当于一个首饰了，所以要注意和首饰的搭配，避免累赘感。

2 有些手包的设计是可以把手指放进去，感觉像戴了一排戒指一样，走到哪儿都会吸引人的目光，成为焦点，但这种包包只适合隆重的场合，平时是不适合的。

金属链条包

手提包

点睛之笔：首饰

　　首饰，一直是女性朋友比较重要的一类穿搭物品，很普通的一套装扮常会因为首饰的选择而发生很大变化。

　　首饰可以作为身份的象征。要选择适合自己的首饰才能衬托出自己的气质，这两者融合在一起才能达到最佳的视觉效果，增添个人的魅力。

　　首饰的选择要考虑整体的效果，注意恰到好处，切不可画蛇添足。比如一位妙龄少女，她戴着发带、项链、胸花、耳环、手镯、戒指，系着精美的腰带，挎着艳丽的皮包，这么多美丽的饰物聚集在一起，效果是很糟糕的。

　　我主张简洁的搭配。如果去掉其他装饰，只留下一条精美的项链，或者一对设计感十足的耳环，我相信都是可以令人过目难忘的。

强调主要部位，这样才能达到最佳的视觉效果。

　　我们要根据场合搭配首饰。不同的场合对首饰的材质、款式、形式要求不同，因此应采取不同的佩戴方式。

戴眼镜的职场女性可佩戴小耳钉或者小耳坠。如果想让别人对你的脸颊更为注意，可以选择造型特别的耳环，在摇曳之中，会让所有人去追寻你的存在。

个子矮小的朋友，可以选择项链或者头饰，这样很容易让别人把视线集中在我们的上半身，从而忽略身高问题。不要把亮点放在脚上，脚上鞋变亮，让别人看到脚，就是一个"扬短"的行为。

个子高的朋友，可以根据自己的形体决定自己的选择。

3
手链

在商务场合中，小巧精致的款式是首选，比如K金、铂金、珍珠等材质的。

参加晚宴或者大型时尚活动，可以选择略为张扬的手链。

4
戒指

如果我们的手漂亮，那么就让我们的戒指特别一些。

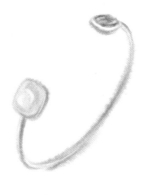

5

手镯

套装首饰可以自由搭配。在条件允许的情况下，最好买套装首饰，以便日后可以选择不同的服装来自由搭配。

6

项链

职场女性佩戴项链可以选择比较简洁大方的小吊坠。这样可以把女性柔美秀气的一面展现出来。

如果我们的腰部线条漂亮，那么就可以选择颜色和设计都足够亮眼的腰带。

在多年的工作中，我发现中国人对首饰的偏好跟欧美人还是有很大区别的。欧美人喜欢稍微大型一点儿的首饰；中国人、日本人、韩国人会喜欢稍微柔美一些的首饰。但是，现在我们中国人大胆和开放得多，会更愿意驾驭、尝试那些夸张的首饰。

我以前是不打耳洞的，是这两三年才打的耳洞。我姐说你不打耳洞，就少了一个乐趣，身为造型师，你难道不觉得很遗憾吗？我觉得好像有点儿道理，于是就跟着我姐跑去打了耳洞，结果打完之后，我买耳环就停不下来了。

自从打了耳洞之后，我在买耳环的路上找到了莫名的快乐，虽然我不停地掉耳环。

虽然很多人说那些比较夸张的耳环好看，但是我不会戴很久，因为真的很重，耳朵吃不消，坠得难受。我还是偏爱小巧一些的耳环。

耳环形状与发型

简单几何形的耳环比较适合有个性和短发造型的人。

留长发或卷发的人，可以尝试戴一些纤细的、垂垂的耳坠，让它隐藏在头发丝里面，若隐若现的。

我们常常在电视上看女明星戴夸张的耳环,其实她们都是不得已的。女明星参加节目的时候,都是造型师给她们搭配首饰。不管是参加活动,还是日常通告,都有专人负责搭配衣服。

造型师搭配的时候通常手握各种品牌提供的衣服,为了让自己的艺人与众不同,通常会选择宽大的耳环。这种大耳环放在日常生活和工作中,并不是太合适。

TIPS

1 佩戴首饰要符合自己的身份和个性,要与自己的性别、年龄、职业相符。

2 高档饰物多适用于隆重的社交场合,不宜在工作、休闲时佩戴。对职业女性来说,最好能佩戴适合自己职业和品位的个性化首饰,这样才能显出你与众不同的气质。

3 佩戴首饰要注意协调,数量上以少为佳,不超过三种。除耳环外,同类首饰的佩戴不宜超过一件。这种少而精的佩带方式显得更优雅精致。

4 色彩和材质上要力求同色、同质,若同时佩戴两件或三件首饰,应使其色彩一致,或者风格接近。

配饰是点缀

帽子、围巾、墨镜这三种配饰，常常可以让整体造型在最短时间内加分。不过，在款式的选择上，我们最好还是选择经典款。

● 帽子

帽子的由来和衣服是一样的，最开始是为了保暖，后来才逐渐有了装饰的功能。

帽子是我拥有最多的搭配品，有时是为了拗一个造型，有时是因为帽子更适合我的脸型。

<u>个子娇小的女生非常适合戴帽子，会让他人的视线集中在顶部，无形中就能拉高个头。</u>

绅士帽

我认为，最能在时尚造型中起到突出效果的，莫过于绅士帽。

我们经常在老电影里看到一位风度翩翩的绅士戴着一顶由软毛毡做的绅士帽，这种帽子就叫作 fedora（浅顶卷檐软呢帽）。

最初的 fedora 是由女帽演变而来，到了 1970 年代，只有老头还在戴它。Michael Jackson 拯救了它，让它成了一种拗造型的时尚配饰，无论男女都适合。

看到戴绅士帽的人，我们总是容易联想到时尚界人士。绅士帽的质地通常是上乘的兔毛或者精良的草编，适合四季佩戴，尤其适合长发人士。齐耳短发也可以。

鸭舌帽

毫无疑问，鸭舌帽是传统英国绅士的经典首选，大多数都以花呢材质为主。

鸭舌帽的特点在于可以歪着戴，让人看上去略显俏皮，有股浓浓的雅痞风。鸭舌帽也属于时尚单品，男女皆适合。

戴鸭舌帽的前提是不要搭配隆重的西装。那些休闲风的衬衫、马甲、牛仔裤更适合搭配鸭舌帽。

棒球帽

相信大家都喜欢戴棒球帽，真正的棒球帽的帽檐是有一定弧度的。一般而言，只要你选对了帽子的大小，棒球帽是适合所有脸型的。

Hiphop 风格的平帽檐帽子则无法适合所有人。瘦长脸的或者是方脸的朋友戴平帽檐帽子都不会太好看，但是那些脸小且圆的则比较适合。

如果一定要让这种帽子显得很"友好"，什么人都不挑，那么就请反过来戴它。

钟形帽

20 世纪 20 年代，钟形帽非常流行，现在可能很少有人戴了，除非拍摄复古大片。

我认为，时至今日，钟形帽依然是女性帽饰中的经典。这款帽子的最佳搭配是波波头，钟形帽戴在波波头上，可以说是尽显优雅。

除了上面说的几种，渔夫帽和贝雷帽也受到年轻人的喜欢。渔夫帽也叫"盆形帽"，十分受潮人青睐，显得脸小，男女都适合，是拗造型的利器，这两年很流行，是很多明星出行的常备单品。贝雷帽戴起来很帅气，男女皆宜，最早可追溯至 15 世纪。现在贝雷帽的常见材质有皮质、毛呢、针织等，材质不同，形状和软硬就不同。

● 丝巾

这些年，丝巾成功回归到我们的日常生活，又成为年轻姑娘爱不释手的物品之一。

我记得，以前丝巾这种东西都是阿姨们和空姐的装饰物，年轻姑娘常常把丝巾扎在头上，很少愿意戴在脖子上。

丝巾一直都是提升气质的装饰，而新的创意给丝巾又注入了新的活力，打破了之前保守正统的形象。

TIPS

如果衣服颜色过于沉闷，尤其在北方的冬季，可以选择一款亮色的围巾，能很好地提升服饰整体效果。有时，一款小小的方巾系在脖子上，会立刻有点儿小复古小清新的感觉，显出乖巧的模样。

将丝巾系在你包包的手柄上，一方面可以保护皮质手柄不被手汗浸透，另一方面也能起到很强的装饰作用。这时候，有复古花纹的丝巾尤其适合。

◉ 墨镜

当我们疏于打扮，尤其是在没有更多时间化妆的时候，一副墨镜加上红唇能立刻让你存在感十足。所以墨镜也是不得不提的一种时尚单品。

如今，墨镜不仅起到防晒护眼的作用，一款有流行感的墨镜还能让造型显得格外时尚。

椭圆形的镜框：很有亲切感，一般带有奢华装饰的椭圆形墨镜是有贵气感的，虽然我没有这样的墨镜，但是那些留着长卷发的女人佩戴的时候真的很美。

廓形的板材黑框眼镜：一定程度上能起到减小脸形的作用，配上齐肩的短发或许会让你看上去很男孩气，但也能瞬间提升气场。纯黑的镜片更添神秘感，这种眼镜往往被称为"黑超"。

半透明的墨镜：看上去很特别，能加深眼窝的深邃感。帅气的半透明式的廓形墨镜，搭上一件针织开衫也是正选。尤其是近两年复古风大行其道，20 世纪 70 年代的大框眼镜绝对是时尚人士拗造型的首选。

雷朋飞行员墨镜：一直是墨镜中的经典，无论男女戴上都会显得非常帅气。这几年流行的彩色镜面镜片，在实现时髦效果的同时又因为不同颜色而衍生出不同风格。

美丽私语

　　配饰的选择，我主张宁缺毋滥：首先，不需要很多，但品质要好；其次，款式可以选择较为经典的，无论时尚潮流怎么变，都不会短时间就过时。

　　当然，帽子及墨镜并不适合室内佩戴，尤其是在非常正式的场合，会让人觉得不礼貌。

　　在我看来，如今潮流变化特别快，混搭的风格越来越多，越来越多元化。人们越来越喜欢特立独行，所以某一种风格也不一定能独占哪季潮流，更多人喜欢更为个性化的造型。

　　不过无论是哪种风格，有品质、有细节都是我们选择饰品不变的核心原则。

　　最重要的是，要遵从自己内心的选择，不要盲从。不管我在这里写下了什么样的选择建议，你都可以完全按自己的内心去选择。

四季必备单品

● 大衣

你必须要有一件款式经典、线条简洁的毛呢大衣，不论是什么颜色，你的衣柜里必须有一件。这件衣服不管多少年都不会过时，它基本上没有装饰，简单大方。

羊绒大衣也是我们的冬季必备单品。

过去很多人喜欢穿合体的，但是它对身材要求特别高。

现在比较流行那种"oversize"的大款，然后再系上一个腰带，会显得腰很细，显得人很小，很柔弱。

羊绒大衣 一定要选品质好的，要选贵的，因为它可以穿很多年，而且不会变形。贵的羊绒大衣都是纯手工做的，每一条线都是手工缝的。

款式方面 我们应该挑选"茧形"的，这种款型不挑身材，比较有扩张感，大大的，好看。

◉ 白衬衫

　　一年四季，白衬衫是我们的必备单品。你经常会用得上它，它能 hold 住各种场合。白衬衫的材质以棉或棉加丝为主，我们在选购时，可以看成分表，90% 的棉或者 95% 的棉，有一点点的丝，或者有一点点的涤纶，都可以。

　　白衬衫商务款可以配西裤，宽大袖子的复古款可以配高腰黑色半身裹裙，很经典。

纯丝的不建议买，因为特别容易变黄。棉加丝，或者棉加涤纶的都可以，会比较挺，很好烫，而且还不贵。

要想帅气干练，可以尝试尖领。基本款的衬衫是尖领、一排扣、一个兜。不过，还是要根据你的脸型来决定。

衬衫搭配

1 脸偏长的不适合尖领，脸特别圆的也不适合尖领。圆脸适合稍微带点儿弧线的领子。

2 带蕾丝边的领子不适合职场，适合有点儿半正式酒会的场合，比如生日宴会。

3 想要显得中性、干练、职场一点儿，或者时尚感强一点儿，经典的就是方领子的纯棉白衬衫。

我有一件白衬衫，买了两年多了，每次穿都有人问我："老师，你这件衬衫是在哪儿买的？"就是因为它经典。

所以你必须有一件白衬衫。我有好几件白衬衫，不同的领子，穿法不一样。白衬衫有很多种搭法。略大一点儿的可以"缩"着穿，显得腰细；小一点儿的可以扎在裤子里；长一点儿的可以中间扎个腰带。

奥黛丽·赫本特别喜欢白衬衫。她身材比较瘦小，所以她喜欢穿大一点儿的衣服。这就是 oversize 的一个典型例子。赫本喜欢白衬衫搭黑色礼服——下半身穿裙子。半身裙可以是有礼服感的、黑的真丝裙，这是一个经典搭配，是服装搭配史上的经典。

直到今天，这依然是一种潮流，很多人还在模仿她。巩俐在电影节上也这么穿过，我们拍片也会经常用到这种搭配。

🔷 夹克衫

你应该有一件夹克衫。比如我，有一件机车皮夹克，无论在什么场合都能穿，很帅气。可以是纯色，也可以是拼接色。

夹克衫可搭配的很多，可以搭配纱裙，也可以搭配短裤、皮裤，很百搭。

🔷 小黑裙

小黑裙也是必备单品，每一个女孩都必须拥有。我有无数条小黑裙，因为真的很实用。

小黑裙有布料挺直一点儿的，还有柔软贴身一点儿的，可以根据自己体形来决定。

如果身材够好，可以选择包身一点儿的。

如果觉得腰身有点儿肉，可以选择在胸线以下有一个 A 形的摆，这样的话，腰腹的肉就都遮在下面了。

● 风衣

风衣我不建议大家一定要买经典款。

风衣经典款其实就是 Burberry（巴宝莉）的那个经典风衣，但那个经典风衣我穿着就不好看，因为它是来自欧洲的设计，不太适合我。

黑色风衣比较百搭，驼色的也可以。日本的女人比较喜欢穿驼色的风衣，显得很职场风。现在，中国女性个性化的东西更多一些了，很少有雷同，比较喜欢穿出自己的个性。

风衣是百搭的，衬衫、高领衫、裙子都可以和它搭，还可以搭小丝巾。

如果风衣搭配裙子的话，可以风衣长过裙子，也可以长裙长过风衣，但是不能裙子特别长，风衣特别短。裙子不能长过风衣超过 20 厘米。

那些让人惊叹的搭配

我忍不住想讲一个反面例子。之前曾看过一个化妆造型师的搭配，那个人的网络视频被很多人吐槽搭配难看，我也认为如此。

她在视频里一边讲着课，一边给模特化妆，自己戴了一个特别夸张的耳环，穿了一件毛茸茸的皮草背心。这一身搭配看上去不好看，也不时尚，大家难免直言批评。

皮草有时候穿不好，就会显得有点儿招摇。作为一个教造型的老师，这样搭配确实是不得体的。尤其在课堂上，更不合适。

很多人都可能会犯这样的搭配错误：即使外貌十分出色，每一个单品都是现下最流行的，但是放在一起就是不对。发型是最流行的，耳环也是最流行的，身上的貂毛皮草也是最流行的，每一个拿出来都很时尚，但是搭在一起就完全不好看。所以，这位造型师就是对搭配没有自己的见解，是典型的现在流行什么，就把它们全部放在身上。

那么反过来，皮草应该怎么搭配呢？比如穿皮草，搭配连帽衫和牛仔裤，穿一双平底小白鞋，这样就不会被认为像个暴发户，不会让人觉得太过于华丽丽的。

作为造型老师，在传播美的时候首先要定位好自己的风格，其次在不同场合应该注意自己的着装搭配是否合适。一般在课堂上、在拍摄现场、在后台化妆间等场合，黑白搭配的简洁款就可以了。太过华丽或太过隆重都不是很适合。

艺术源于生活，也将回归生活，
我在尝试探索将时尚化妆造型
艺术中的色彩和流行元素
生活化、简约化，
并倡导每一位珍爱自己的人
通过化妆来发现更美的自己，
展现自己的生活方式和态度。

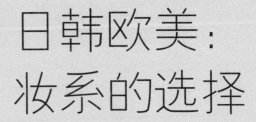

日韩欧美：
妆系的选择

CHAPTER
08

百变日式妆

我们曾经去过日本资生堂学院学习，发现日本的化妆教学里面，最重要的就是底妆。

● 厚底大眼妆

首先日本人的底妆并不像我们想象的那么薄，他们很注重遮瑕和暗影，基本上，化妆的日本女孩都会打暗影，而且打得很好。

其次，他们很强调眼妆，很强调眼影的层次。

最后，就是睫毛。在日式妆面当中，假睫毛的样式非常丰富。

在日式妆里面，还有很多区分，比如甜美型的可爱妆、伊人风尚的淑女妆、"原宿街头"的潮范儿妆。

在日式妆里面，假睫毛是非常重要的。如果你去日本逛商场，会发现各种各样的假睫毛。但是日本的淑女妆几乎不怎么涂睫毛。

⬢ 混搭风

前不久我们调整课程，有一天请东京服装大学的老师给我们讲服装搭配，他就讲到了日本这些年的所有流行风尚，其中着重讲的就是"伊人风尚"，即日常的上班休闲妆。经过学习之后我们发现，多年以来日本的休闲妆是没有变的。此外，原宿风属于混搭风，是那种完全独创的、原创的个人化风格的东西。可以说，原宿日式妆面简直是亚洲的奔放代表。

⬢ 卡哇伊

日本动漫特别发达，因此有一部分人会展现出很"卡哇伊"的一面。

东京秋叶原是动漫城，你如果去那里走一走，会觉得自己置身动漫的世界中。走在街上的人，大多都是卡哇伊的形象，或者动漫人物的 cosplay。很多人会把自己 cosplay 成动漫里面的人物，很逼真，惟妙惟肖。

日式妆相比韩式妆，要更加丰富。韩式妆形式比较单调，但是因为审美和我们比较一致，所以在我们日常生活中可以借鉴学习的要多一些。

通用韩式妆

◉ 柔美

韩式妆的特点就是力求把人化得很温柔，妆容会更强调女性的柔美感、妩媚感。

有一次我们去韩国学习，韩国的老师就多次用到了"温柔"这个词，而且我发现他在色彩的选择上会比较女性化，会比较柔美。所以韩式妆里的唇妆、眼妆等都有这个特点，一看到它们，就知道这是韩系的风格，包括他们的服装搭配。

如果仔细观察，你会发现韩式妆是比较雷同的，大家几乎都是一个风格，无非是颜色上的一些小变化，这一点和日式妆有很大的区别，日式妆的差异比较大。我们国内的化妆现在受韩式妆的影响比较大。

◉ 干净

韩国明星的妆面是很干净的。可能韩国的时尚杂志会用一些民族的元素，会加入古典的风格。总体而言，韩国的妆面吸取了国际美学的潮流，还综合了亚洲人的美学特点。

◆ 通透

韩式妆面对皮肤的光泽度要求非常高，要体现出通透感，化完妆，脸蛋就像"剥了壳的鸡蛋"，很滑嫩。很 Q 弹、很年轻的感觉。

韩国妆面有时是不定妆的，妆底特别薄，而日本底妆其实挺厚的。韩国人喜欢用气垫粉，很亮，而且打上去不会再用定妆粉去压，他们会让脸上保持气垫粉的亮度。所以，不管是拍照还是上镜，面部皮肤看着始终是亮亮的。

在韩国的美容机构里，皮肤护理是非常重要的项目，他们称之为"皮肤健康"。普通的美容院里都有皮肤科，专门解决皮肤的各种细小问题。现在很多中国人会去韩国做这种"皮肤管理"，主要是做皮肤肤质的改善，从毛孔到痘痘，他们有一整套非常完整的治疗方案。

TIPS

韩国娱乐界的"造星"活动做得好，所以潮流文化对中国乃至亚洲的影响也比较深。他们的明星营销力很大，在影视歌等各方面都有很强的影响力，通过明星偶像影响了整个亚洲，影响了很多年轻人。我们现在很多年轻人就是他们妆面和造型的拥趸。

● 韩系色彩

韩系色彩非常典型，它有自己的主打色，所有的彩妆都是围绕这些色彩来开发的。

我们会发现韩系色彩中偏暖色调会多一些，以暖色系为主，反差不会很大。

不只是妆面，他们服装搭配的色彩，也基本上是这个风格。

所以你去韩国，路上随手买个衣服，穿上之后，你立刻会觉得自己好像是韩国人。可能是韩国的面积比较小，一旦有一种风尚流行起来，全国人基本上都这么穿，所以风格比较突出，传播流行比较容易。

中国国土面积大，风格就不会这么单一。有些人看到中国人穿了韩国风格的服装，就以为中国人的风格就是韩国人的风格，这就是很大的误解，是对中国人形象的一个误解。

很多人问过我，为什么有韩妆，有日式妆，就没有中国妆？我觉得很难用一两个特点来形容中国妆，因为中国式妆容风格太多了，没办法简单界定。我觉得在"化妆"的领域，中国未来会很包容地将各种文化都交融在一起。

我去纽约时发现，纽约跟北京特别特别像，当然纽约更繁华一些，但是那种感受特别像，就是包容。包容性特别特别大，什么文化都在里面。

所以它的风格就没有办法界定。因为各种人都有，各种风格都有，各种喜好都有，各种审美都有，跨越地域和民族。

　　中国人普遍重视化妆，是从 2000 年以后开始的。2000 年之前只有少部分人有这个意识。那个时候，很多人认为一辈子只有在结婚的那一天需要化妆。2000 年后，才开始有越来越多的人关注"化妆"这件事，然后慢慢变成了全民化妆，全民美妆。

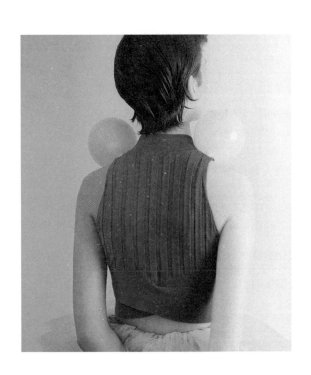

简洁大气欧式妆

欧式妆面的特点，与欧洲人的五官比较立体这一特点有着不可分割的联系。

● 重点突出

欧式妆面的最大特点是会着重面部的一两个重点，而不会把全脸化成重点。比如它可能会着重突出嘴唇，或者着重突出眼睛，欧洲人不会把脸上的每个部分都化上妆。

所以，他们讲究的是简洁之美。走在伦敦或者巴黎的街头，你会看到一些年龄大的女性，她们化的妆会让你强烈地感受到"简洁"的美感。

欧式妆面也会让人感觉到"丝绒感"，但是它会把肤色化出"亚光丝绒感"，跟韩国的"光亮丝绒感"相反，当然这也跟他们的皮肤毛孔大有关。

因为欧洲人的肤色都比较白，所以会让人觉得有"绒绒"的感觉。一个欧洲人，她可能会化精致的嘴唇，可能涂精致的睫毛膏，但是她未必会化眼线。她们更在乎小的细节，在乎局部的精致度和质感。

比如说化唇部，唇边缘的线条画得清晰、饱满，绝对不会像韩式妆那样边缘是虚化的。

● 有地域特色

我个人会很喜欢欧式的妆面，我觉得它们看上去是很精致的，是很优雅的，是很高贵的。

当然，这些特点都是和他们内在的气质有关联的，也和时尚熏陶有关。

在伦敦，走在街头，优雅的气质便会扑面而来，而且散发着"严谨"的气息，包括男生也是这样。

在法国，就是另一种感觉。有一次我们请了一个法国女模特，她是典型的法国美女的长相，远远望去很冷峻的一张脸，并不会让人觉得"媚"，看上去没有笑模样，和大家意识里的"法国人走在街上是不笑的"，十分相符。

你不知道她们大笑的时候是什么样子，总是看到她们端庄、矜持的一面，因为她要表现自己的高贵和优雅。这是她们与生俱来的一种气质。欧式妆面里面的眉毛，崇尚超细超弯的那种，看上去好像是天生的，其实是刮出来的。

我很喜欢她们的妆容，因为她们的化妆是在做"减法"。我从2002年开始做时尚摄影化妆，第一个接触的就是欧洲模特，后来慢慢接触了一些正在向国际大牌靠近的国内品牌，基于这些经历，我个人更偏爱欧式妆面。

欧洲女人和丝袜

　　欧洲的女性还有一个很讲究的地方，就是丝袜。我们中国女性，穿裙子可能不会穿丝袜，对丝袜的要求也不高。但是欧洲女性一定会穿丝袜，绝对不会光着腿。

　　丝袜是第二次世界大战以后流行起来的。在她们的审美观念里，丝袜是着装的一部分。所以去欧洲的时候，我会专门去买意大利的袜子，很薄、很透，有羊毛、羊绒的，穿多长时间都不会坏，质量真的是超级好。我觉得袜子是欧洲人着装精致的一个细节的展现。

自由奔放美式妆

● **热情**

我个人特别不喜欢美式的妆面，觉得过于浓艳有些俗气。现在中国也有很多美妆网红博主很擅长美式妆，拍照很好看，生活中见到会觉得有些浓艳。

如果说日本是多样的，韩国是温暖的，欧洲是优雅的，那么美国绝对是热情的。为什么会有这种感觉呢？

我第一次去纽约的时候，第一感受便是热情。所有的人都会过来跟你拥抱。我第一次拥抱的时候，觉得这种方式特别温暖。美国人互相拥抱的时间挺长的，不像咱们抱一抱、拍一下就完了，他们会抱着感受对方的情绪。

我第一次跟美国朋友拥抱时，他抱了挺长时间，当时我脸都红了。后来发现他跟所有人都是这样拥抱，他们认为这样的拥抱才是有诚意的。所以你会感觉到，美式妆面的风格有很强的代入感和影响力，会不自觉地把身边的人带动起来，大家一起"high"。

● 奔放

有一次，我在电梯间碰到一个胖胖的女人，她是很典型的非裔美国人，眼睛贴着大睫毛，指甲做得很精致，戒指戴了好几个，全身透着很美、很自我陶醉的样子。在她身边的我，虽然不能认同她的审美，却让我觉得我应该去感受她想传达的自信美，这大概就是美式妆容的精神核心。

美式妆一般化得很浓，一定会戴那种能扇出风的假睫毛，然后一定会打很重的眼影，很厚的粉底，画高挑的眉毛。美式妆给人的感觉就是色彩斑斓，"浓墨重彩"。头发是五颜六色的，眼影也是五颜六色的，完全不讲究色彩的搭配。

美国女性似乎好多年都没有换过妆面风格了。流行和不流行对她们似乎也没有什么影响，感觉她们一直都是这样的。

● 自由

我曾经问过她们，为什么大家都是这一种卷发？她们告诉我这叫"沙滩纹理"。

什么意思呢？就是她们特别喜欢去沙滩上度假，非常喜欢冲浪之后从海里出来时那种头发的感觉。所以她们就把头发都做成"沙滩纹理"，烫出慵懒的卷，再弄点儿东西打理一下，做出有点儿湿湿的那个感觉。

在我看来，美式妆面是很自由的，就是化成什么样都没人管。这样化、那样化都是没有问题的，也不需要在意什么。所以，她们的化妆就好像是生命的一种释放，情感的一种释放。

我们在纽约曾经受邀参加时装周，那是一场典型的美国式的时装秀，整个秀造型特别浓艳，特别花哨。前后两场时装秀的模特，包括化妆师本人，都是大长睫毛、彩色长指甲，头发编着脏辫，而且造型师都挺胖的。口红会化得特别饱满，亮亮的，几乎都是荧光色。

这就是美式妆面给我的感觉。美国人当中也有一小部分人走简洁路线，但是多数人的妆面还是比较多彩的，这也形成了美式妆面的特点：热情、奔放、自由。

韩妆

我觉得韩式妆是最受大家欢迎的。韩式妆近几年在风格上有了很大的改变，脱离了素颜霜、卧蚕笔的韩式妆更加注重质感，这也是化妆的要点之一。

奶油肌底妆

在底妆方面，韩式妆这几年追求较为"奶油肌"的质感。有光泽同时高遮瑕的粉底是首选，搭配韩式妆一直较为出色的遮瑕技巧，让整个妆容看上去无瑕且有光泽。再用定妆喷雾进行定妆，避免破坏整体的底妆质感。

魅惑眼妆

最近比较流行的眼妆是将眼睛拉长的画法，细长的眼线，大地色的眼影。韩妆一贯的平眉是最为韩系的画法。在眼妆的打造和眼影的颜色上也更加多彩，更加注重下眼影的画法，将下眼尾用深色的眼影加重拉长，不仅可以在视觉上将眼睛扩宽，也可以让眼睛显得更加魅惑。

自然修容

在修容上韩式妆一直追求自然的妆效，值得一提的是这几年鼻影的画法不再一味追求细、窄、高挺的鼻头，而是改为肉肉的圆鼻头，让整个人看上去更具亲和力，更加温柔。

满唇妆

与近几年全球的唇妆风格一样，韩式妆也开始流行厚唇画法。不再是满街的咬唇妆。裸色、橘色的模糊唇线画法更受韩国女孩的喜爱，搭配上唇珠，整体看上去更具韵味，也让五官比例更加完美。

混血妆

我觉得混血妆的灵魂在美瞳。

美瞳、大睫毛、有棱角的高挑的眉形，是混血妆的基础。

前不久，我刚买了一对灰蓝色美瞳，戴上去就可以化混血妆了。如果不戴对应的美瞳，化不出混血的感觉。

混血妆一定要有这种灰灰的眼睛，才能对味道。选择这个妆其实挺考验我们的胆量的。混血妆容要配上浅色发才好看。

经常有人问：岳老师你的美妆理念是什么？或者，你们彩妆针对的人群是哪个年龄段的？

其实，我们是没有设定的，因为这就是我们的专业。无论是 95 后、00后喜欢的东西，还是 50 后、60 后喜欢的东西，我都能给你做到，因为我们是专业的。

有人说：那不行，岳老师，你得锁定人群。我说这个就看个人了，因为不可能只用一种品牌来化一个妆。

我们推出一款粉底液，它打上去会很亮，而且透薄，就是典型韩妆的感觉。我之前打了这款粉底，在抖音上发了视频。好多人来问：老师你脸上打的是什么？我心想就是我的粉底液，但因为当时还没推出就没有直接说。

如果你想要遮瑕的效果，这款粉底液可能会让你失望。如果你想要亮透的效果，你一定会喜欢它。

这一款粉底液的带妆时间挺长的，用于日常妆面是没有问题的，白天你稍微补一下，也是可以的。

它不像气垫粉，气垫粉是要一直拍，而且看上去很厚。这款粉底液看上去很薄，所以它的遮盖能力稍微弱一些，但是它追求的亮感是超赞的。

岁月的时尚印记

　　第一次去日本是十几年前，我在日本街头看到女孩子把头发编成辫子，头上插着鲜花，脸上搽着橘红的腮红，就这样走在大街上。

　　我曾经认为这种打扮只可能出现在婚纱影楼或者写真照相馆里，没想到它就出现在日本的真实生活里。这是我对日本女性的第一印象。

　　第一次去伦敦时，正好下雨，我在伦敦街头看到一个女生，留着波波头，戴着一副黑超墨镜，穿了一身黑色的套装，配着黑丝袜、黑皮鞋、黑手工包，但是画了很鲜艳的一个红唇，还举着一把伞，给人一种冷峻感！特别是冷艳的红唇，让我感到真是美极了。这是我对伦敦女性的第一印象。

　　第一次去法国时，我坐地铁的时候看到一个老太太，年龄已经很大，但是拒绝别人给她让座。她一头白发，烫着卷，梳得非常好看。她戴着精致的耳环、项链、戒指，还涂着睫毛膏和口红；穿着精致的套裙、丝袜，还有小皮鞋。她扶着把手站着，腰板挺得倍儿直，整个人很优雅，很体面。这是我对法国女性的第一印象。

　　第一次去美国时，我在电梯里碰到的那个胖胖的女人，她的妆饰并不符合我的审美，但是却让我记住了她对着电梯间的镜子自我陶醉的样子，让我重新考量美的核心。这是我对美国女性的第一印象。

第一次去韩国时，我走在韩国街上，碰到街头发传单的老太太，即使已经 60 多岁了，还让自己保持外表精致的样子。

这些国家的女人即便年纪大了，仍然不忘化妆、扮美，这和她们所处的环境有关。她们从小就被教育要化妆，所以她们认为，不管到了什么年纪，都是要化妆的，化妆已然是一种习惯，甚至是一种礼仪。而中国中老年女性中化妆的只占少数，谁要是年龄很大了还化妆，反而显得有点儿"格格不入"了。

爱美和年龄无关，扮美从什么时候开始都不晚，我爱岁月漫长，更爱美，爱漂亮。

如果一定要让我去解释

什么是时尚，

时尚的规律是什么，

那我的答案就是：

时尚一定是周而复始的轮回。

时尚潮流的
是非题

CHAPTER

09

什么是时尚？

虽然我们可以解释时尚是什么，但是时尚到底是怎么创造出来的，或者说时尚应该是个什么样子的，很多人都无法给出一个答案，只能在追寻答案的路途中继续努力。

就"时尚"两个字来说，"时"是时间，"尚"是一个动词，顾名思义，当下崇尚的就叫"时尚"。

虽然时尚可能看上去显得很新，但它并不是凭空出现的，而是将过去一些流行的元素添加或删减一些东西，再结合现下的某种元素，重新拼接组合，变成一个新样子。

所以，时尚一定不是无中生有的，它一定是有源头的。有人会说，也有那种完全创新的时尚，但是我认为，刚创造出来的东西还不能称之为"时尚"，只能称为"前卫"或"另类"。

真正的"时尚"一定是大众都能接受的，所以它一定要经过时间的检验。只有经过长时间的审美的考验，这种新的结合形式，才可以称为"时尚"。

"时尚"通常是有历史可追溯的，比如说现在又流行起20世纪30年代的穿搭，崇尚复古风了。但是20世纪30年代的穿搭风今天再刮起来的时候是有变化的，它符合当下的新的审美观念，或者结合了当下某种流行的元素，从而有了崭新的样子。

无畏山高水长，许你一世荣光

发型复古风

现在流行的那些发型，以前统统都出现过。我在上课的时候，讲到发型的发展史，会把这个课题的范围扩大一点儿，会讲到古埃及、古希腊、古罗马。想要了解发型的规律，这三个一定要讲。但是，对于中世纪，我就不讲了，我会直接跳到现代史上。时尚史大概有近100年的风格变化时间。

翻看历史图片，你会发现现在流行的发型，在过去100年间都能找到它的影子。所以，我认为时尚是周而复始的循环。过去没有见过的那些新形式，只有经过一段长长的时间的融合和沉淀，才有可能成为时尚，当然，也有可能淹没在岁月的长河里，不见一点儿浪花。

　　时尚界有几个词：前卫、另类、时尚、流行，它们之间的关系是这样的：前卫和另类要先成为时尚，之后开始流行，流行一段时间，就会沦为过去式，成为经典。

　　它就是这样，周而复始地轮回。

　　我告诉学生，"时尚"就像是一个圆，中间有个圆心，"时尚"会绕着圆心，不停地转圈。

　　所以，我们说"时尚"不是创造出来的。你在这个行业待的时间越久，你越能掌控真正的时尚是什么。真正创造时尚的人，都是这个行业的资深人士。

潮流趋势从哪里来？

时尚是跟着人和时代变化的。流行色就是很典型的例子。

某一时期是否有战争，经济是否衰退，直接影响了当时流行色的选择。这个时期是和平还是战乱，是昌盛还是没落，它的流行色彩会有很大差别。"二战"时期，人们的衣服颜色大多以自然色为主，是因为战时物资匮乏，要节约生活成本。

这里面涉及色彩心理学的问题。无论是流行的颜色，还是流行的款式，都跟当时的时代背景有很大的关系。比如某一时期，突然看到满大街都是红色，看上去也觉得好看，大家都很喜欢，为什么呢？因为这个红色刚好符合当下的社会氛围。

流行色机构就是专门研究流行色大数据的机构。它们研究全球的数据变化，然后预测出下一个流行色是什么，而且准确率还很高。

时尚，是过去某种经典元素的回归，是大数据对流行色分析得出的预判。这两个因素结合到一起，让我们可以预测时尚。

有的读者会问，对潮流的预判有什么依据吗？

国际时装周通常提前一年发布它们对流行时尚

的预判，流行色研究机构通常也是提前一年多发布对流行色的预判。

我有时候也会做一些"美妆潮流趋势发布"。我们一般是通过课程和秀场的方式来发布，主要是根据国际潮流趋势，结合国内的风格做出我们的预判。

化妆师的预判，基本都是从国际时装发布会来的。这些发布会发布新品，就是想确定下一年的流行主题。比如说今年流行波点，肯定他们上一年的时装周就弄了很多波点服饰。

每个国际品牌在它们的服装发布会上都会做爆款。一个品牌可能每年会发布 100 多套，甚至几百套衣服，其中只有那么一两件成为当年的爆款。

比如，2018 年流行条纹毛呢大衣，它的本质还是复古风。若干年前，我就有一件面料一模一样的大衣。上次流行这种大衣是在 20 世纪 90 年代，我当时觉得特别好看，所以就入手一件，等 2018 年又开始流行这种条纹毛呢大衣时，我的旧衣服终于可以再出世了。

2019 年的大衣设计更为多元化，面料拼接和中性设计更多，颜色艳丽的大衣风格会一直延续到 2020 年。

追踪时尚的气息

如果想知道国际的流行趋势，可以多关注时尚趋势，多看国际时装周，多了解时装界的国际动态，看多了就会有感觉。

有很多人穿衣服不一定选择国际品牌，会根据品牌搭配的风格来打扮自己，做到与时俱进，与潮流同步。

也许他们不一定能说得出来自己为什么这么穿，但他们可以在自己身上应用得很好。

1. 多看时装杂志

时装杂志里面有穿搭指南，发布一些全球时尚潮人、造型达人的搭配，然后给你讲这些搭配的亮点是什么，你可以照着那个样子去学习。这个办法适合完全不懂时尚的人。坚持看时尚杂志，一定可以从中学到适合自己的搭配技巧。

我曾订阅纸质《VOGUE》，现在主要在看电子版，很多专栏都比较实用，比如对于个子矮的人，就会给出"155身高穿出165气势"的搭配建议。

杂志社的工作其实特别辛苦，他们要去搜罗全球的时尚资讯，把它做成选题，然后经过主编和总编的审核。由于杂志的制作周期短，他们需要在很短的时间内做出一个选题。

我经常跟我的学生讲，看杂志一定要看文字，不要只看图，文字是编辑辛辛苦苦写出来的，包含很多有用的信息。很多人只看图，觉得更直观，其实这样会忽略很多信息。

2. 多关注四大国际时装周

它们是重要的时尚风向标。我认为四大国际时装周中纽约时装周是最差的，米兰、巴黎、伦敦三地的时装周一直比较受人追捧，与前三者相比纽约时装周发布品牌的水准有些参差不齐。

我个人对伦敦时装周的印象很好，因为我很喜欢时装周的设计师Alexander McQueen。McQueen 可以说是我喜欢的第一个时尚偶像，他已经去世了，但是他的品牌还在。

当初我就是看了 McQueen 的纪录片，才下定决心从老家走出来。如果没有他的启发与鼓励，我现在可能还是婚纱影楼里的一个化妆师。当时，我心想怎么会有这样有才华的人，有一天我要是能像他一样就好了。那我怎么才能成为这样的人呢？于是我就想，首先我要离开老家，到更大的地方闯一闯。

没有白走的路，每一步都算数。人一生中每一个走过的城市都是相通的，每一个努力过的脚印都是相连的，它一步一步引领我们走到今天，成就今天的我们。

很遗憾，后来 McQueen 自杀了，但是他的创意秀场在我生命里留下了很深的痕迹。他对服装的超前理解也深深影响了我。所以，我喜欢伦敦。伦敦既是古典的，又是前卫的，它是两个极端不断交融的城市。

伦敦既有街头摇滚的前卫，又有贵族的、绅士的、刻板教条的传统。整个城市透露着矛盾的气息。我很喜欢这种矛盾的感觉，我对矛盾的东西都很感兴趣。所以我很喜欢伦敦的时尚。

基本上，我们耳熟能详的国际一线大品牌都是来自法国和意大利，所以巴黎和米兰的时装周基本上在引领着全球的时尚潮流。中国的优秀服装设计师或多或少地受到了它们的影响，虽然现在非常多华人设计师已在国际时装领域备受关注。

"出口转内销"的设计师

有很多华人设计师在国外很成功。我认识一个特别年轻的设计师，他在国外做自己的品牌，在保留自己文化元素的同时，吸收国外的文化。他设计的羽绒服一开始在美国迎合了街头文化，引起了美国一些年轻潮人的注意。之后他的品牌慢慢在圈子里火了起来，然后在更大范围得到了推广。后来，他借助国际市场，通过中国市场对国际潮流的认同，非常轻松地打入了中国市场，得到了消费者的认同。

"港风"再次袭来

有人会问：我们到底要不要跟着潮流走？其实你就算是不想跟，也下意识地跟随了潮流，因为潮流是一个趋势，你无法逆趋势而行。但是，你不能在明知不适合你的情况下还要跟风，对于潮流，你是可以自主选择的。

⬢ 混搭新世界

2018 年时我曾推测 2019 年一定会流行 20 世纪 90 年代的东西。因为现在正在流行的是七八十年代的东西，比如喇叭裤。其实，2018 年已经可以看到苗头了，比如"港风"的兴起，也就是 90 年代的香港风格。90 年代是什么时代呢？

我们先说说 2000 年以后。2000 年以后，造型的变化就没有规律可言了，往前数 100 年，时尚还有规律可言，再往后就是混搭了。

2000 年，正处于世纪之交，各种风格并存，非常多元化，什么样的风尚都有，体现出多元化的包容性。

2000 年以前呢，一旦流行什么，人们就立刻全都穿什么。

所以 2000 年以后大范围地流行过什么？没有了，都是混搭。人们会更关注自身的需求与喜好，而不是一味盲从。

● 90 年代典型港风

回到 20 世纪 90 年代，还是可以找到流行的规律，这个时候流行的就是港风。

那个时候的妆容，讲究比较自然的眉形、自然的眼妆、饱满的唇形，然后眼窝会打面积比较大一点儿的眼影，但是不会强调形状或色彩，只是稍微有点儿立体感而已。

那个时候的服装，上身偏向大扩形，流行大垫肩或者大西装之类的。

那个时候的头发，以长直发或者长卷发为主。

现在我们的高腰牛仔裤、复古高腰牛仔裤，会把腰带抽得很紧，裤腰扎得比较高，其实这就是港风的显著特点。包括最近大家比较喜欢的喇叭裤，露着脚踝，还要露出里边的袜子。这些造型和色彩都是典型的90年代的风格。

● 复古风流行

我认为这股复古风应该还会流行一段时间。

那么，20世纪90年代的潮流之后，我们要流行什么呢？基本上就是世界大同了。也许，时尚就会往回走，又从古罗马、古希腊开始，大家都穿着纱裙，骑着自行车，在大街上溜达。我说的这种情况是很有可能的，经典是可以无限轮回的。

前几年流行罗马鞋，就可以印证这种情况。像希腊女神穿的纱裙，其实一直都没有消失，只是在等待被重新赋予新的元素成为时尚。

我有学生来问我：岳老师你预判一下未来流行趋势。我说：你把我们的发型史、服装史好好学就够了，不管碰到哪一个流行，你都能应对自如，现在流行的元素全部在过去出现过。

比如，作家三毛年轻时候的穿搭，放到现在也不过时，它就是经典，同时也是时尚。在这一行做得越久，越会发现这一行的规律性，你把这个行业的规律掌握得越清楚，你越能游刃有余。

我经常会讲到一个叫蒂塔·万提斯的脱衣舞女郎。她是美国很有名的脱衣舞女郎，不是那种色情的。她的前夫是玛丽莲·曼森，摇滚歌手。蒂塔永远都是采用复古的造型。虽然她是现代的人，但她出席所有的媒体活动，永远都是20世纪50年代的造型。她的复古装扮已经是她的标签了，她不需要再跟潮流，她自己始终保持一个样子。

美国《VOGUE》的创意总监Grace永远都是那一个发型。还有日本著名时装设计师川久保玲，也永远都是一个发型。她们本身就可以跟潮流对抗，还有艺术家草间弥生和山本耀司，这些人的形象已经成为一个标签，不会再跟着潮流改变了。

朋友曾经送了一本Grace的书给我，有点儿类似于自传，书名就叫《我就是时尚》，名字很霸气。她已经70多岁了，原来是一个超模，之后又到杂志社做创意总监，做了几十年的时尚工作，她对时尚的走向了如指掌，所以她说"我就是时尚"一点儿也不为过。

这些大咖的名字就是他们的形象，他们的形象早已经固定化了，他们是创造潮流、创造时尚的人，但自己反而不再去跟随潮流而变化。作为普通人的我们，我希望大家享受造型的快乐。只要你想去做，多变，没有什么做不到。

潮流趣事：我们经历的那些时尚

● 释放的 80 年代

20 世纪 80 年代流行那种大朋克的造型，女的都是爆炸鸡窝头，涂紫色的唇膏，像中毒了一样，还戴着大红塑料耳环。

我上课的时候，讲到 20 世纪 80 年代的造型，常用一句特别搞笑的话来形容：80 年代的地球一定是发生了什么，才会出现一群这样的人。这是一个特别恐怖的时代，典型的压抑太久后需要爆发的情形。

当时还有一种特别流行的造型：男生穿上紧下松的裤子，屁股处勒得特别紧，然后裤腿特别宽，上身穿一个尖领花衬衫，还要配个链子，戴个朋克式的眼镜。女生的耳朵上一定要有个大圈的耳环，头发吹得蓬蓬的、高高的。当时猫王的造型就是这样子，俨然成为一种时尚。

其实在 80 年代，歌手、明星已经完全成为时尚的引领者，他们的一些特殊造型也会成为时尚。我也很奇怪，人们的审美怎么突然变成这样，感觉像变异了似的。

20 世纪 80 年代的女性造型特点可以总结为"大女人"，似乎进入了女强人时代，比如女性西装的大垫肩，就是一个典型代表。1988 年春晚，毛阿敏唱《思念》时的那个造型应该很令人难忘吧——衣服肩膀宽宽的，头发蓬蓬的，标志着一种强势。

　　大垫肩把上身变成了倒三角形，就好像男士的那种健壮身形。衣服是这样子，再加上爆炸头，显得存在感特别强，要告诉全世界自己的存在，也可以叫作"女性的自我觉醒"。

● "杀马特"的90年代

到了20世纪90年代，大家的认知就有了变化。性别色彩浓烈了起来，是女人就穿得像女人，是男人就穿得像男人，造型开始有了男女之分。不像80年代，男人穿得像女人，女人却像男人。

90年代还出现过一个特殊的造型，就是"杀马特"，一直到2000年，还有这种造型。我觉得"杀马特"是80年代审美的一种延续。它是从日本传过来的，只是我们没有学好。

日本的街头发型，是要和全身造型搭配的。我们只学了个街头发型，但是没有学到整体搭配，所以整体看上去会很怪，很丑。尤其如果是那种普通小理发馆烫出来的发型，质感会差很多，看上去显得人比较low，没有高级感。

其实2000年左右，很多明星都做过"杀马特"的造型，如李宇春、范冰冰、李湘等，就当时的审美来看，都挺美的，只是现在回过头再来看就不行了，简直就是"黑历史"。

2000 年以后，我们服饰的
时尚风格开始吸收全球的潮流
风尚，越来越多崇尚个性和自由
的造型闯入我们的生活。多种时
尚并存是当前时尚的突出特点，
就亚洲来说，韩国、日本以及中
国等国家的明星和偶像引领着
一波又一波的潮流新风，让人应
接不暇。

永远时尚的经典

复古经典

提到复古，我脑子里浮现的就是《花样年华》里的张曼玉。

《花样年华》和《一代宗师》的美术指导都是张叔平，我对这两部电影的画面印象都特别深刻。

我讲课时会跟学生提到《一代宗师》里章子怡的造型。章子怡在《一代宗师》里演的宫二，穿着一身黑衣，里面衬着一件小白领子里衣，头发梳得特别干净利落，孑然一身，站在大雪天里，特别有意境。

当时电影里有个章子怡的特写：睫毛长长的，但是低垂着，脸的颜色是干净的黄白色，一点儿红唇，简直太好看了。

这个睫毛的特写，我真是太喜欢了。低垂的、长长的睫毛，每动一下都传达出一种情绪。我上课时跟学生说，为什么睫毛一定要翘翘的呢？难道睫毛垂下来就不好看吗？垂下来也有好看的时候，宫二就是个很好的例子。

章子怡的宫二造型是典型的民国风格。从服装到妆面，都带着一种内敛的美。在不同的年代，眉毛的画法也有它的特点。民国时代，眉尾每每会低于眉头，这种化法在标准的眉毛审美理念中是不允许的，但在民国时代是可以的。我常说这也可以理解为"低眉顺眼"，按当时的审美观，那就是一种时尚，也反映了当时女性的社会地位。

网红时代的审美标准

在过去，我们主要是从公众媒体获悉时尚的潮流，现在的媒体环境发生了大的变化，时尚的源头也变得多样：某个"网红"，某个与时尚有关的权威人士，他们的某些行为，都可能引领潮流的变化。

"网红化妆师"Pony，她的化妆技术甚至比专业化妆师还好，而且能做仿妆，想模仿谁就能模仿谁，很厉害。但是，也有一些不专业的"网红"化出来的妆，反而可能会误导大众。

虽然"美"可以是个性化、私人化的，但毕竟还是有一定标准的，对于那些明明丑的东西，我们不能说它美。

我之前看过一个"网红化妆师"在视频里面讲"复古"，我听了她讲了几句话，就知道她的知识储备其实是有限的。她的技术可能也很不错，但讲出来的知识是非常片面的，而且没有办法解释清楚"复古"的本质。画一条眼线，就说这个就叫复古，对于复古眼线的长短宽细有哪些不一样，什么年代分别流行哪种眼线却没有讲清楚。但这个时代人们对化妆知识的准确性不是太看重，更看重视频里人化妆前和化妆后的差别。有种"整容级"化妆，就很吸引人，很有噱头。这对身为专业人士的我们来说，有时会有点不适应，但显然富有娱乐性，开心更重要。

如果我们把每一天上班的路途当作舞台，把自己当作舞台上的模特，每天上班往返就是走 T 台，一定是很有意思的。

还记得，我刚来北京的时候，跟我的一个姐妹住在一起。我们俩天天回家搭配衣服，在一窄条小镜子前，把衣服拿出来，这样搭配一下，那样搭配一下，走时装秀，两个人觉得很开心，顺便还把第二天想穿的衣服搭配出来了。

那个时候我们刚开始做化妆老师，虽然也不是很富裕，但是希望每天能给学生不一样的感觉。所以，我们每天都会在衣服上稍加变化，让学生眼前一亮。那是 2003 年，我们获取时尚资讯最多的来源是自己订阅的《VOGUE》杂志意大利版，还有国内的几大时尚杂志，以及工作中总结的时尚搭配经验，不像现在网络资讯这么丰富。

真实的自信才美丽

我是不主张文眉毛的，因为文眉毛之后，眉形就只有一个选择，没法再改变了。我主张大家自己学会画不同的眉形，虽然有点儿难，但只要学习起来，肯定会越来越好。半永久文眉确实给很多人带来便利，但是我总觉得文眉后整个人显得稍呆板，这是为什么呢？极其对称的一对眉毛，不如看起来很生动的、带着表情的眉毛更有活力。

有人觉得我对化妆的态度有些矛盾：有时说无须严谨，化妆最重要的享受过程；有时说，要注意知识的准确性。这两点并不矛盾。一个讲的是态度，一个讲的是专业，两者是相辅相成的。

将自己真实的一面展示出来，你反而是最自信的，我知道很多人很难迈出这一步，但是，你一旦找到适合的风格，你会发现"做自己"才是最美的。比如，有人出门必须要画大红唇，有人觉得手指必须戴满银饰，有人的标志性妆容就是烟熏妆……

我很重视人们如何面对自我，正视自我，做真实的自己。虽然化妆可以修饰面容，造型可以改变形象，但生活中、工作时做真实的自己是一种底气，是一种自信。做真实的自己，你会更美。

女人和岁月，

总是在微妙的争夺间

诞生出独特意味的故事。

不用细细去诉说，

时间早已经在每个给予它烙印的地方，

不客气地将你的所有公之于众。

岁月心妆

CHAPTER

10

又忙又美，告别"千人一面"

　　我们在化妆的时候，往往会进入一些误区。比如，有人喜欢拿一种叫 CC 棒的东西，在脸上刷一刷，把脸上的瑕疵遮得很干净。还有人，往脸上抹很厚的粉底，像给墙壁刷大白那样……

　　美的第一主张是什么？第一主张就是皮肤本身要健康，化妆品是在皮肤健康的基础上对不足之处进行补救的。

　　我是主张医美、微整形的，这些行为能改善我们的皮肤基础，抵抗岁月的侵袭。

TIPS

皮肤怎么保持健康呢？
第一，注意维生素的摄取。
第二，注意休息，让皮肤得到放松。
第三，多运动，促进新陈代谢。

● 不要只遮瑕

不管你的皮肤多糟糕，我只管拿一个大粉底棒，给你遮住瑕疵——这种观点就是误区，对皮肤来讲，非常不健康。

长此以往，会把毛孔堵住，影响皮肤健康。还有一个大家容易忽视的地方：遮盖力比较强的产品，铅、汞含量通常会比较高。铅、汞是对人体有害的元素，人体吸收过多，会极大地损害我们的健康。

我反对使用遮瑕效果特别好的产品，倾向于管理好皮肤，然后用薄薄的底妆。如果脸上实在有痘印或者其他瑕疵，可以用遮瑕膏局部遮瑕。我极其不主张整张脸都被遮得严严的。

整张脸的皮肤并不是状态都一样，有的地方好，有的地方差。比如，额头和鼻梁的皮肤是好的，那为什么还要遮那么厚的粉底呢？

我在讲粉底底妆课程的时候，会告诉所有学生，所谓粉底铺得均匀并不是说粉底的厚度均匀，而是指打完粉底后，整个脸看上去肤色一致，没有大的色块差异。那种底妆打得很厚，遮住全部毛孔的观念，就是进入了化妆打底的误区。

保留皮肤原本光泽

我们的皮肤是有自然光泽的，你不能把自然光泽全遮住了。厚底妆就让妆容离真实太远了。化妆的目的不是为了化一个假的自己，对吧？化妆只是为了塑造一个更好看的你。

大部分人会化出一个假的自己，遮掉了原本的自己，还觉得这样挺美的，我觉得这就是个大误区。我们专业上有个词叫"假面"，或者叫"千人一面"，比如"网红脸"。

有时候，我们的皮肤本来就挺好，还有一定的光泽。当你打完很厚的粉底，皮肤本来的光泽都没有了，只能靠珠光粉来提亮。而珠光粉的光泽并不是真实的皮肤光泽，所以皮肤看上去就不健康，有一种粉质感。我不主张这样化妆。

时光尚未凋零

现在我身边好多人说：岳老师，为什么我发现你变美了呢？回头看看我 10 年前的照片，确实，现在的我要比那个时候漂亮一些。因为自己会打扮了，自信了，但是现在的我比那时候胖了。这就是时光带给我的美。

岁月给了我阅历和气质，这些是年轻的时候无法拥有的东西，要用时光去交换。认识了很长时间的朋友对我说，我现在身上有一种独特的气质。我是感觉不到这种变化的，但是别人可以看到，我能感觉到的是对事情的总结和提炼能力的提高，比如，对生活中一些小事的感悟。

2017 年，对我来说是不平静的一年。许多人都说这年很糟糕：事业不顺，家庭出问题，还有人身体有恙。在 10 月份的时候我开始策划我们 2018 年的概念发布，我自身也感受到了这一年的各种变化。我看到很多人应对变化时的各种反应，包括我自己，不安、焦躁，甚至有人自暴自弃，选择结束自己的生命。我想用"自然生长"这样一个主题，来唤醒我自己，或者其他人，我对未来寄予美好的期待，想让一切都恢复秩序。

世间万物都是在"有无"之间，出生、成长、蜕变、死亡，这是一个轮回，是生命的真实写照，而对我来说，于繁忙的工作中用一场秀来抒发我对生命的理解，是找回本我的一种方式。

我们做一件事情，一定要鼓励和掌声来滋养吗？有没有一种真正由内而外的原动力，让我们不需要外界的刺激，像相信信仰一样坚定前行。我想，经历过这一场秀的策划及执行，我找到了答案，且那个答案如我心中所想。

　　我觉得，认可现在的自己，就是认可了自己所经历的所有时光。你的美来自不停地从岁月中汲取能量，让所有度过的岁月在身上留下印记，使每一个印记都带有故事。

　　我们业内有一个老生常谈的观点：完美倒不美。皱纹一点儿都不要，脸上一点儿瑕疵都没有，越追求那种完美反而越不美，浑身上下透着"假"。

　　我很欣赏林青霞，觉得她的心态很好。比如，她对年华老去很坦然："我就是胖了，我就是老了，我就是有皱纹了，我现在就是个60岁的女人，我就是一个熟透了的女人。"

　　如果哪一天头发上有了一根银丝，我觉着那是我走过岁月的一个见证。我很喜欢那种满头都是银发的感觉，觉得很有味道。我妈妈现在就是满头银发，不是那种全银，带一点儿灰色。我跟我妈说："你的造型太时髦了，太好看了。"我希望老了以后，能跟我妈妈一样有一头漂亮的银发。

　　我完全可以接受自己变老这件事情。我特别感谢现在的成熟，让我看事情更通透了，让我活得更快乐了。

　　对于所有的好玩儿的事情，我都想要去试一下，这完全是出于好奇心。我并没有觉得成熟了之后，我就不能碰某些东西了。

　　我是从今年开始健身的。我是一个特别懒的人，体育特别差。但是我今年开始健身了，我想干吗？我想试一下：如果我努力做一件事情，能不能变得跟以前稍微不一样，会不会变成更好的自己。

　　我学生经常说我现在好拼，都在抖音给自己化妆了。我说你们真不知道，我是突然的一时冲动，只是想要看看"网红"的世界是怎么样的。

无限山高水长，许你一世荣光

最后发现，做"网红"还是挺累的。

2019 年我迎来了创立品牌 LIN·MAKEUP 的十周年，10 月 29 日我们举办了十周年的庆典——名为"Yes！10.0"的发布会，在中国国际时装周期间的专场提出了"永远天真，永远热情"的口号。我就是要传达一种未来要继续保持好奇心、继续勇往直前的奋斗精神。

时光给我们留下了什么，是皱纹还是白发，还是生活的琐碎和不堪？我不怕老去，但我怕生命黯淡。

时光不会辜负认真努力的人，你会喜欢上认真的自己。

与时光共悠长

◉ 40 岁的优雅

我一直认为，"优雅"是最高级的赞美词，尤其是对女性来说。它不像"完美"那般极端，而是带着一丝从容和笃定。这份从容是基于对自己的了解、对已知的自信和对未知的勇气。

优雅带来自信，是迈入 40 岁的我对自己比较满意的一点，我了解自己要什么，做什么样的选择，做什么事业，过什么样的生活，这种不惑的感觉令我觉得好像人生有了一次新的开始。

也正因为岁月带给我的成长，我很容易觉察和理解别人的需求。不同的工作场合，面对不同人时，我对自己的定位也会不同，除了恰当的沟通方式，主要还表现在外在形象上。出席不同的场合要有适宜的形象，是尊重他人，也是尊重自己。我和 95 后学生们开派对的时候会在外在形象上和他们接近，休闲和潮流一点儿；但在讲台上，我会根据课程内容来搭配穿着；在外出商务工作时，会根据约谈的对象来决定妆发与着装；出席行业盛会时，又多以简洁的黑白色系强调个人的专业感、职业感。

我有 40 岁的优雅，有淡定和从容，但没有丢失自己孩子气的一面，有时着装会和年轻的 95 后一样采用街头风格，棒球帽加各种首饰混搭，化着 Ins 风的流行妆容。我还常说自己是中年少女，而这样说的时候，一点儿也没有感觉羞怯，我想这也应该是自信淡定的一种吧。

● 50 岁的从容

日本有一个老奶奶，70 岁开始打碟，去做 DJ，这完全是不设限的人生。她的穿搭就是 DJ 风格。但这种毕竟是少数，是个案，所以我们普通人到 50 岁的话，穿搭讲求最重要的是舒适和自在吧。

从化妆上来讲，要强调气色、肤色等，化一点儿精致的眉毛，涂一些精致的睫毛膏，涂口红、修指甲、做头发，这些都应该是必须做的。

当然了，50 岁的女性可能还在为儿女操心，可能会有些烦恼，所以最重要的是对生活多一些宽容，少一些抱怨和不满。一个人最美的样子就是让自己和身边的人更舒适。

这让我想起了我的姑姑。姑姑是一个非常爱美的人，她现在已经60 多岁了。50 来岁是她的美貌巅峰期。妈妈说我长得越来越像她。

姑姑从 50 多岁开始学弹钢琴，因为她从小就有钢琴梦。经过这几年的训练，她现在已经弹得很好了。除此之外，古筝、游泳，她都是在50 多岁的时候学的。她的穿衣风格不是优雅型的，而是火热型的，是典型的中国式的大红大绿，她穿衣服时最常穿的颜色是红色，尤其是玫红色。

她对生活的热情、对生命的钟爱，让她在每一个年龄段都很美，这是时光对珍爱生命的人的回馈。

有了这样的心态，女人怎能不美呢？

● 银发时尚

我对银发时尚的表达欲来源于两位时尚银发女性：一位是前段时间看到的 91 岁的台湾潮奶奶林庄月里，一位是我认识的忘年交——来自北京的 70 多岁的韩彬老师。

韩彬老师在她的银发岁月成了时尚圈炙手可热的模特，迎来了人生的另一个高潮。她对时尚的态度和对行业的热爱是我所敬佩的，过不设限的人生，一切都有可能，也都来得及。白发并未阻挡她热爱美、追求美的脚步，相反，标志年龄的一头银发反而带给她一种独特的自信，她从容地与岁月留下的痕迹共处，自信而美丽地生活。

台湾潮奶奶林庄月里，个性豁达，不仅装扮潮流，更重要的是拥有积极的人生态度：

"很多时候，我们都会丧失信心，想要放弃一切，逃避人生，逃避责任，让自己带刺，拒绝跟其他人接触，把自己弄得让别人不敢靠近，为的只是想要给别人看看自己过得有多不好，失去了多少。

"其实什么东西都比不上生命，当你还活着，你就比那些离开这个世界的人拥有得多很多，至少你还能享受到今天晴朗的阳光、清新的空气。

"难过的时候，用力去逃避，逃避完了更用力去面对，面对过后你就能真真切切感受到你的人生，很多很美丽的风景都藏在山林深处，前面被虫咬、被草割都是以后回忆这趟旅程时最好的点缀。我91岁都还不打算放弃自己的人生呢，你也打起精神吧。"

我想这两位前辈不止爱美爱时尚，更热爱生命，爱生活，并且能量发出爱的光去照耀更多的人，温暖更多的人。

另外我还想说说我的母亲。母亲也是七十几岁，但她是一个心态很年轻的老少女，她从不化妆，一头银灰色头发令她总被人夸看起来很年轻。有时候我看着她面对生活积极、单纯的样子，我竟有些自愧不如。心态决定人的一生，女人的一生更是靠不断的自我认知和自我满足得以完整。我的母亲平时装扮并不时尚，但却深深地影响着我对时尚、对人生的态度。当年华逐渐老去，满头银丝，我是否能像这三位女人一样面对生命，享受生命带给我的一切呢？

我相信，当一个人对生老病死以及命运给予的挫折和痛苦都能坦然接受时，人生的境界才是真正达到了另一层高度。

罗曼·罗兰《米开朗琪罗》：只有一种英雄主义，就是在认清生活真相之后依然热爱生活。一个爱美、会美的人，内心一定是强大的，生活也许有很多不堪，但回应这些最好的方式就是，让自己更美更自信。